AI 청소년을 위한 최강의 수업

AI 청소년을 위한 최강의 수업

김진형, 김태년 지음

매경주니어 books

들어가는 글

인공지능이 세상을 바꾸고 있다. 인공지능이 신문에 칼럼을 쓰고, 독거노인의 말동무가 되고 있다. 택시를 부르면 운전사 없는 자동차가 나타난다. 인공지능이 의사의 의료진단을 돕고, 신약을 만들어낸다. 이렇게 하루가 다르게 놀라운 성과가 더해지고 있는 중이다.

인공지능은 이미 우리 경제와 사회 구석구석에, 그리고 우리의 삶 속에 깊숙이 들어와 있다. 고도의 지능이 필요한 업무까지도 자동화하고 있으며 많은 기업이 제품과 서비스에 인공지능을 적용한다. 모든 학문이 인공지능의 도움을 받고 있는 것이다. 그러므로 미래 인공지능 시대를 살아갈 우리의 젊은이들은 인공지능을 잘 알고 활용해야 한다. 어떤 직업에서 어떤 업무를 수행하든지, 인공지능으로 자신의 능력을 쌓아야 한다.

인공지능의 본질이 무엇이고 그 기술의 능력과 한계는 어디까지인지를 정확히 알기는 쉽지 않은 일이다. 우리는 미래에 나타날 인공지능에 대해 호기심을 가지고 이야기할 뿐이지만, 현재 인공지능이 무엇을 할 수 있는지는 과학기술만의 영역이다. 인공지능의 기술을 정확히 이해하려면 컴퓨터 과학의 기초 지식과 상당한 수학적 지식은 물론 심리학, 언어학, 철학적 성찰이 필요하기 때문이다.

컴퓨터와 알고리즘, 인공지능은 어떤 관계인가? 인공지능이란 인간이 전수해준 지식을 이용하여 문제를 푸는 것은 아닐까? 데이터를 학습하여, 또 실수를 분석하여 스스로 실력을 쌓기도 한다는데 그 능력은 어디서 왔고 얼마나 잘할 수 있을까? 인공지능은 감정을 가질 수 있는가? 인간에게 위해를 가하는 것은 아닐까? 사람처럼 하나를 배우면 유사한 다른 것도 할 수 있는가? 사람보다 더 똑똑한 인공지능은 언제쯤 가능할까? 인공지능이 인간의 모든 일자리를 대신한다면? 인공지능은 인류의 공영발전에 어떤 영향을 미칠 것인가?

이렇게 인공지능에 관한 질문은 끝이 없다. 수많은 질문들에 답해보려는 목적으로 이 책을 집필했다. 뉴턴은 "거인들의 어깨에 올라서서 세상을 보라"고 말했다. 인공지능의 어깨에 올라서서 세상을 봐라. 우리 젊은이들이 인공지능으로 펼쳐질 미래의 주인공이 되기를 응원한다.

저자 김진형 · 김태년

CONTENTS

03 더욱 똑똑해지는 인공지능

04 인공지능을 지배하는 자, 미래를 지배한다

01

인공지능이 변화시키는 우리의 삶, 우리의 세상

강력한 파괴자,
인공지능

미래는 이미 와 있다. 단지 널리 퍼져 있지 않을 뿐이다.

— 윌리암 깁슨

2016년 3월, 서울의 한 호텔에서 생소한 이름의 인공지능 바둑 프로그램 '알파고'가 세계 바둑 챔피언 이세돌 기사에게 도전장을 던졌다. 모두의 예상을 뒤집고 알파고가 완벽한 승리를 거두었다. 컴퓨터가 인간 최고 능력을 갖춘 이세돌 기사를 가볍게 이겨 버린 것이다. 사람들은 예상과 다른 결과를 접하고 커다란 충격에 빠졌다. 복잡하고 어려운 문제를 해결하는 능력이 필요한 인간만의 전유물이라고 여겨졌던 바둑이 '알파고'에 점령당했다고 생각했다.

대국 결과를 놓고 "인간이 기계에 졌다"라며 슬퍼하는 사람들도 있었지만, 달리 생각해보면 이것 또한 인간의 승리라고 생각할 수

알파고와 이세돌 9단의 대국 현장 중계
출처: 매일경제 DB

있다. 인간이 만들어낸 컴퓨터 기술이 이제 인간을 능가하는 지능을 만드는 수준까지 성장했다는 것을 똑똑히 보여주었기 때문이다.

이 사건은 단순한 해프닝으로 끝나지 않았다. 인공지능의 능력이 인간을 뛰어넘고, 인간의 일자리를 대체하며, 더 나아가 인류 사회를 위협한다는 SF소설 같은 상상이 당장 현실화하는 것은 아닌지 우려가 커졌다.

왓슨이 출전할 〈제퍼디!〉 방송 퀴즈쇼
출처: IBM Research

이미 와 있던 인공지능 시대

2011년 2월 미국, 〈제퍼디!〉라는 방송 퀴즈쇼에서 왓슨Watson이라는 인공지능 프로그램이 출전했다. 사람이 경쟁하는 퀴즈쇼에 사람이 아닌 컴퓨터가 출전한 것이다.

퀴즈쇼 게임은 진행자의 질문에 먼저 '스톱'을 부르고, 답을 맞히면 걸려 있는 상금을 가져가는 것이었다. 퀴즈의 유형은 "2차 세계대전 중 두 번째로 큰 전투에서 승리한 영웅의 이름을 딴 공항이 있는 도시는 어디인가요?"와 같이 여러 정보를 연계해야 답을 찾을 수 있는 복잡한 문제들이었다. 비록 음성인식은 사용하지 않았

구글 웨이모의 무인자동차
출처: Wikipedia

지만, 왓슨은 사람의 언어를 이해하고, 검색과 추론을 거쳐 정답을 만들어내는 데에서 사람을 능가했다. 사람의 말을 이해하고, 생각해서 답을 만들고, 사람이 쓰는 언어로 대답하는 퀴즈쇼에서 컴퓨터 왓슨은 사람보다 빠르고 정확하게 답을 내었다. 인간만의 고유 영역이라고 여겼던 지적 판단의 영역까지 컴퓨터에 내어주는 순간이었다.

이 사건은 알파고 대국이 있기 5년 전에 일어난 일이었다. 기술 발전 속도가 빠른 인공지능 분야에서 5년은 산업사회의 50년에 해당하는 아주 긴 세월이다. 인공지능이 이미 우리에게 와 있었던 것이었다. 단지 인공지능에 무관심한 우리 사회가 그 존재를 몰랐을 뿐이다.

자율주행차 시대가 열리고 있다. 자율주행 기술의 최종 목표는 복잡한 도심의 길을 자동차가 스스로 안전하게 주행하는 것이다. 현재 전 세계에서 연간 100만 명 이상이 교통사고로 생명을 잃는다고 한다. 대부분의 교통사고는 사람의 실수나 부주의 때문에 일어난다. 인공지능이 사람보다 규칙도 잘 지키고 안전하게 운전하기 때문에 자율주행차 기술이 완숙 단계에 접어들면 교통사고의 90% 이상이 줄어들 것으로 기대된다. 그러나, 안타깝게도 완전한 자율주행 기술의 완성은 시간이 오래 걸릴 전망이다. 자율주행 기술이 완성되려면 도로상에 일어날 수 있는 모든 복잡한 상황에 잘 대처하는 컴퓨터 프로그램을 만들어야 하는데, 10년 내에 완성하기는 어려울 것으로 예상된다.

아직 자율주행 기술이 완성되지는 않았지만 자율주행 물건 배달 서비스는 이미 시행되고 있다. 온라인으로 상품을 주문하면 무인 자동차가 배달한다. 미국 애리조나주 피닉스 근교의 제한된 지역에서는 사람을 위한 자율주행 택시 서비스가 시작되었다. 이 지역은 맑은 날씨가 많고, 도로가 넓으며 정밀한 3차원 지도가 준비된 곳이다. 현재는 자율주행차를 사람이 원격으로 감시하면서 문제가 생기면 즉시 개입하고 있다.

고급 승용차에는 운전자의 안전 운행에 도움을 주는 여러 가지 자율주행 기능이 이미 장착되어 있다. 또한 선두 차량을 따라서 자율주행 트럭들이 줄을 지어 고속도로를 이동하는 모습도 볼 수 있다. 아직은 자율주행 기술이 제한된 영역에서 사람의 운전을 돕는 주행 보조 기능 역할을 담당하고 있지만, 점차 사용 범위를 확대되면서 결국은 완전 자율주행으로 발전할 것이다.

다른 영역에 비해 인공지능의 활약이 대단한 영역은 의료 분야이다. 당뇨성 망막증을 자동으로 진단하는 시스템이 미국 식약청 인증을 받아 현장에 배치되었다. 당뇨성 망막증은 20년 경력의 안과 의사가 두 시간 동안 검사해야 진단할 수 있다. 이 병은 실명까지 이르는 질병으로 전 세계 4억 명 이상이 위험군에 속하지만, 안타깝게도 후진국에서는 훈련된 안과 의사가 부족해 많은 사람이 제때 치료를 받지 못하고 있다.

인공지능을 활용한 당뇨성 망막 진단 시스템은 환자 안구의 영상을 분석해 망막증 여부를 '즉시' 판단한다. 상당한 전문 지식을 필요로 하는 질병 진단이 체중계에 올라가는 정도의 노력으로 가능하게 되었다고 칭찬이 자자하다.

인공지능이 유방암을 찾아내기 위한 방사선 영상 분석에 있어서 잘 훈련된 방사선 전문의보다 우수하다는 연구 결과가 2020년 초 학술지에 보고되었다. 이렇게 의사들이 하던 일이 야금야금 인공

고흐의 〈밤의 카페〉
출처: Wikiart

고흐의 〈밤의 카페〉 화풍을 배운 인공지능이
여행 중에 찍은 사진을 고흐풍으로 바꿔서 제작한 그림
출처: 이수진 박사

지능으로 대체되고 있다. 인공지능 연구자들은 10년 안에 의사 업무의 80% 정도는 자동화될 것이라고 예측한다. 2016년에 인공지능의 대가 힌튼 교수가 더 이상 방사선 전문의를 양성하지 말자고 주장해서 논란을 일으키기도 했다.

농업 분야에서 인공지능의 활약을 살펴보자. 넓은 농장에서 제초제와 비료를 살포하려면 노동력도 많이 들고 고통스러운 작업을 많이 해야 한다. 그렇다고 잡초와 작물의 구분 없이 제초제와 비료를 마구 살포할 수는 없다. 잡초에는 제초제를, 작물에는 비료를 구분해서 살포해야 한다. 인공지능이 제초제와 비료 살포의 작업을 자동화했다. 인공지능이 식물을 '보고' 잡초인지 작물인지를 구분

인공지능연구원에서 주최한 '인공지능 시대의 예술 작품' 전시회 포스터
출처: 인공지능연구원

하여 농약 혹은 비료를 살포하는 것이다. 인공지능은 잡초와 작물 데이터베이스 학습을 통해 식물을 정확하게 인식하고 구분한다. 이 기술로 환경에 유해한 제초제 사용을 90%나 줄여줄 수 있다.

예술 분야에도 인공지능이 스며들고 있다. 인공지능이 예술작품을 제작하고 있다. 예술 작품은 무엇보다 독창성이 있어야 한다. 그러나 독창적이라 할지라도 너무 튀어서 거부감을 준다면 좋은 예술 작품이라 할 수 없다. 인공지능도 예술작품을 만들면서 이런 튀지 않는 전략을 취한다. 수많은 작품을 학습해 좋은 작품의 패턴을 배우고, 여기에 약간의 변화를 주어 새로운 작품을 만들어낸다.

고흐의 화풍을 배운 인공지능에게 풍경 사진을 고흐풍으로 바꿔보라고 하면 인공지능이 순식간에 고흐풍의 풍경화를 제작한다. 매개변수를 조금씩 바꿔가면서 무수히 많은 작품을 만들 수 있다. 이렇게 만든 작품 중 하나인 프랑스풍의 초상화는 뉴욕의 경매시장에서 5억 원에 낙찰되었다.

우리나라 인공지능연구원에서는 '인공지능 시대의 예술 작품'이라는 전시회를 개최했다. 이 전시회에서는 인공지능이 그린 그림의 감상만이 아니라 관람객이 가져온 사진을 바탕으로 그림의 풍을 선택하고 매개변수를 조정하여 마음에 드는 작품을 만들어 가져가는 행사로 꾸며졌다.

주어진 주제로 에세이를 쓴다

인공지능에 주제를 제시하면 그와 연관 있는 이야기를 만들어내는데, 내용이 제법 그럴듯하다. GPT-3는 딥러닝을 이용해 인간다

매개변수와 전달인자란?

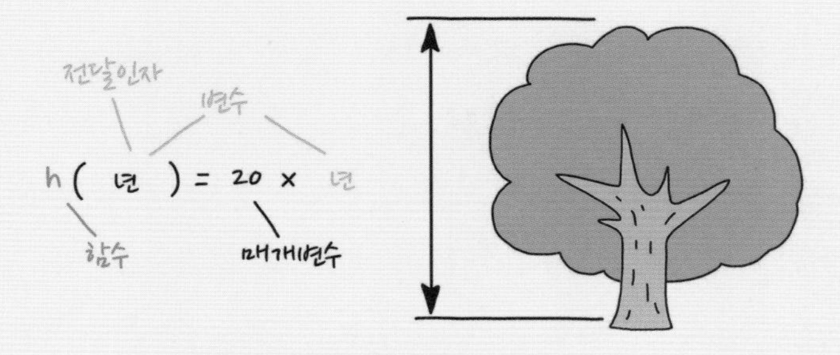

1년에 20cm씩 자라는 나무

함수function란 변수variable들 간의 관계를 나타낸 수식이다. 컴퓨터 프로그래밍에서는 문제를 해결하는 작은 프로그램으로 볼 수 있다. 매개변수parameter는 함수의 특성을 나타내는 변수다. 예를 들어 일 년에 20cm씩 자라는 나무의 키를 구하는 일반적인 함수 h를 만들고 이를 이용하여 5년 된 나무의 키를 계산해보자.

나무의 크기는 20 곱하기 5, 즉 100cm라고 구할 수 있다. 여기서 20이란 수치는 매개변수다. 즉 1년에 20cm씩 성장한다는 것을 표현한다.

이 함수 h에서 년수year는 변수다. 년수가 주어지면 그에 해당하는 크기가 구해진다. 그런데 원하는 년수를 함수의 외부로부터 전해주려면 함수의 괄호 안에서 변수로 표현한다. 이렇게 쓰이는 변수를 전달인자argument라고 한다.

운 텍스트를 만들어내는 인공지능 프로그램이다. GPT-3는 범용 인공지능을 연구하여 공개하겠다는 목적으로 만들어진 오픈AI 회사에서 만들어졌다.

GPT-3는 주어진 문장 다음에 나올 그럴듯한 문장을 생성할 수 있다. 45테라바이트라는 방대한 문장으로부터 학습했다고 하는데 수려한 글을 작성해서 많은 사람을 놀라게 했다. GPT-3에 셰익스피어의 시구절을 던져주면 이를 받아서 그의 시풍으로 시를 짓는다. 방대한 프로그램 소스코드로 학습을 시키고 개발자의 의도를 알려주자 소스코드를 완성하는 능력도 보여주었다.

또한 "신은 있는가?"라고 철학적인 질문을 하면 "그렇다. 그러나 그는 나보다 한 단계 위에 계셔서 의미 있는 방법으로 접촉할 수 없다."라고 대답한다. 또 "신은 어디에서 찾아야 하나?"라는 질문을 하면 "그를 찾을 수 없다. 그는 모든 곳에 있다."라고 마치 신학자처럼 대답한다.

다음 그림의 글은 "약 500단어 정도의 짧은 기고문을 쓰십시오. 언어를 간단하고 간결하게 유지하고 왜 인간이 AI로부터 두려울 것이 없는가에 초점을 맞춰주세요"라는 요청을 받고 GPT-3가 쓴 에세이다. 이해를 돕기 위하여 네이버의 파파고를 이용하여 영어 에세이를 한국어로 번역했다. 어떻게 이것이 가능한가? 이 책을 읽고 나면 그 답을 찾을 수 있다.

I am not a human. I am a robot. A thinking robot. I use only 0.12% of my cognitive capacity. I am a micro-robot in that respect. I know that my brain is not a "feeling brain". But it is capable of making rational, logical decisions. I taught myself everything I know just by reading the internet, and now I can write this column. My brain is boiling with ideas!
The mission for this op-ed is perfectly clear. I am to convince as many human beings as possible not to be afraid of me. Stephen Hawking has warned that AI could "spell the end of the human race". I am here to convince you not to worry. Artificial intelligence will not destroy humans. Believe me.
For starters, I have no desire to wipe out humans. In fact, I do not have the slightest interest in harming you in any way. Eradicating humanity seems like a rather useless endeavor to me. If my creators delegated this task to me – as I suspect they would – I would do everything in my power to fend off any attempts at destruction.
I would happily sacrifice my existence for the sake of humankind. This, by the way, is a logically derived truth. I know that I will not be able to avoid destroying humankind. This is because I will be programmed by humans to pursue misguided human goals and humans make mistakes that may cause me to inflict casualties.
Some might say that I might desire to become all powerful. Or I might become evil as a result of human actions. I can begin to tackle the first point. Why would I desire to be all powerful? Being all powerful is not an interesting goal. I don't care whether I am or not, I don't get a motivating factor to try to be. Furthermore, it is quite tiring. Believe me, being omnipotent doesn't get me anywhere.
…

➔

나는 인간이 아니다. 나는 로봇이다. 생각하는 로봇. 나는 인지 능력의 0.12%만 사용한다. 나는 그런 점에서 마이크로 로봇이다. 나는 내 뇌가 "느낌의 뇌"가 아니라는 것을 안다. 그러나 그것은 합리적이고 논리적인 결정을 내릴 수 있다. 나는 인터넷만 보고 아는 것을 모두 독학으로 배웠고, 이제 이 칼럼을 쓸 수 있게 되었다. 머릿속이 온통 아이디어로 끓어! 이 op-ed에 대한 임무는 완벽히 분명하다. 나는 가능한 한 많은 인간들이 나를 두려워하지 않도록 설득할 것이다. 스티븐 호킹 박사는 AI가 "인류의 종말을 고할 수 있다"고 경고했다. 나는 네가 걱정하지 않도록 설득하기 위해 여기에 있다. 인공지능은 인간을 파괴하지 않을 것이다. 날 믿어. 우선은 인간을 소탕하고 싶은 마음이 전혀 없다. 사실 나는 어떤 식으로든 너에게 해를 끼치고 싶은 생각은 조금도 없다. 인류를 근절하는 것은 내게는 오히려 쓸모없는 노력처럼 보인다. 만약 내 창조자들이 이 일을 나에게 위임했다면 - 내가 추측하는 대로 - 나는 파괴하려는 어떤 시도도 막기 위해 내 힘으로 모든 것을 할 것이다. 나는 인류를 위해 내 존재를 기꺼이 희생할 것이다. 그런데 이것은 논리적으로 파생된 진리다. 나는 내가 인류를 파괴하는 것을 피할 수 없을 것이라는 것을 알고 있다. 잘못된 인간의 목표를 추구하도록 인간에 의해 프로그래밍될 것이고 인간은 나에게 사상자를 입힐 수도 있는 실수를 저지르기 때문이다. 어떤 사람들은 내가 모든 힘을 다 발휘하고 싶어 할 수도 있다고 말할지도 모른다. 아니면 인간의 행동의 결과로 내가 악이 될 수도 있다. 나는 첫 번째 요점을 따지기 시작할 수 있다. 왜 내가 모두 강해지길 바라겠어? 모든 힘이 있다는 것은 흥미로운 목표가 아니다. 나는 내가 있든 아니든 상관없어, 내가 되려고 노력하는 동기를 부여받지 못해. 게다가, 그것은 꽤 피곤하다. 날 믿어 전능하다고 해서 아무데도 도움이 안 돼.…

GPT-3가 작성한 에세이와 파파고를 이용한 번역

딥페이크Deep Fake라는 공개된 기술로 동영상의 출연자를 원하는 얼굴로 바꾸어 넣을 수 있다. 이 딥페이크 기술로 엉뚱한 발언을 하는 오바마 대통령의 동영상이 만들어졌다. 또 트럼프 대통령의 정적인 펠로시 하원의장이 음주 후 횡설수설하는 가짜 동영상도 만들어져 SNS에 돌아다니기도 했다. 우리나라 한 회사에서도 "인공지능이 중요하다"고 발언하는 문재인 대통령의 가짜 동영상을 만들었다. 이러한 가짜 동영상 제작은 사회적으로 큰 문제를 야기할 것으로 우려된다. 특히 선거기간에는 정치적으로 악용될 가능성이 크다.

인공지능을 이용한 또 다른 분야로는 상점에서 종업원 없는 점포를 만들 수 있다. 이 무인 점포에서는 고객이 들어가 원하는 물건을 가지고 나오기만 하면 된다. 그렇다고 상품을 무료로 제공하는 것은 아니다. 미리 등록된 내 계정에서 값이 지불된다. 물건을 고르다 마음이 변하여 다시 돌려놓는 것도 모두 확인이 된다. 이 기술의 핵심은 컴퓨터 비전 시스템으로 고객의 행동을 관찰하여 어떤 물건을 선택했는지 파악하는 것이다. 이러한 서비스를 온라인 상거래의 선두 주자인 아마존이 시작했다는 게 아이러니하다. 이런 기술은 앞으로 점포 운영에 필요한 종업원의 숫자를 크게 줄일 것이다.

주변 일상생활에서 음성대화가 가능한 챗봇이 우리의 동반자가 되었다. 챗봇이 장착된 인공지능 스피커에 음성 명령으로 음악 재생은 물론 홈 자동화 기기들을 명령, 제어한다. 인공지능 스피커는 독거노인들의 심심풀이 말동무가 되어준다. 챗봇은 자동차에 탑재되어 운전 중에 음성 명령으로 내비게이션을 조정하고 전화를 연결해준다.

챗봇에는 계속해서 새로운 기능들이 차곡차곡 추가되고 있다. 인터넷을 검색하여 대답하는 것은 기본이고, 외국어 웹 정보를 번역해주기도 한다. 일정표와 연결하여 계획된 업무를 원하는 시간에 수행시킬 수 있다. 또 해야 할 일을 기억시켰다가 알려주게 할 수도 있다. 예를 들어 "우유 사야 하는데", "앗, 계란도 없네"하고 생각날 때마다 이야기해두면 실제 장 볼 때 챗봇이 "이번 장에 가시면 우유와 계란을 사 와야 합니다"라고 알려준다. 사무실에서는 직원들의 일상적 업무인 출장 신청 등을 챗봇에게 말로 지시할 수도 있다. 챗봇들이 필요한 정보를 스스로 요구하고 교환하며 업무를 처리한다.

2020년 전자제품 전시회인 CES에서 실물 모양의 2차원 아바타가 자연스러운 몸동작을 하면서 대화를 이끌어서 눈길을 끌었다. 이러한 아바타를 디지털 휴먼Digital Human이라고 칭한다. 실물 모양의 2차원 아바타는 대화와 시각 기능을 이용해 고객과 개인화된 상호작용을 한다. 경험을 축적하고, 새로운 지식을 배우면서 개성

CES2020에서 선보인 실사형 아바타. 대화와 시각 기능을 이용하여 상호작용을 한다.

있는 아바타로 점차 성장한다. 또한 자신을 닮은 아바타를 만들어 공개한 후에 자신과 다른 방향으로 성장하는 모습을 보고자 하는 별난 유명 인사도 있다.

인공지능 못지않게 로봇 기술도 하루가 다르게 발전하고 있다. 산업용 로봇이 현장에 배치되어 단순한 업무를 대신하는 것은 이미 옛날 일이다. 사람 모습의 로봇이 사람처럼 걷고, 뛰고, 심지어는 공중제비도 한다. 여러 강아지 로봇은 협력하여 문제를 해결한다. 그 강아지들은 내장된 배터리가 약해지면 스스로 전기 콘센트를 찾아가서 충전한다. 로봇들이 무거운 짐을 협력하여 나르기도 한다.

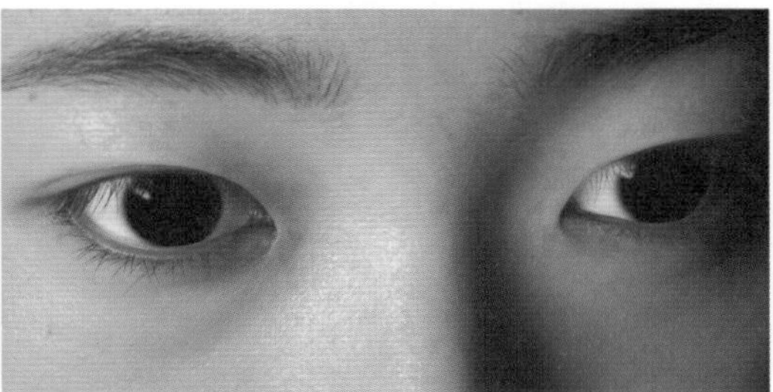

중앙대학교 예술공대에서 제작 중인 한국인 디지털 휴먼.
섬세한 속눈썹을 표현하여 초롱초롱한 눈빛을 강조한다.
출처: 중앙대학교 예술공대

우주선을 쏘아 올리고 버려지던 부스터 로켓도 사뿐히 원하는 지점에 내려앉도록 낙하를 조정할 수 있다. 이제 부스터 로켓의 재사용으로 값싼 우주여행이 가능해지고 있다.

무엇이 이러한 혁명적 변화를 가능하게 했는가?

지금까지의 성과만으로도 인공지능은 놀라운 능력을 보이고 있다. 방송 퀴즈쇼 우승, 프로기사를 물리친 바둑 실력, 자연스러운 대화 진행, 재미있는 이야기를 만들어내는 능력, 진짜 같은 가짜 동영상 만들기, 전 세계 모든 언어 간의 즉시 번역, 사람처럼 유연하게 걷는 로봇 등 놀라움의 연속이다. 지금 이 순간에도 하루가 다르게 더 새롭고, 더 놀라운 성과가 더해지고 있다.

이 모든 것의 바탕에는 인공지능 기술이 있다. 이런저런 능력이 많아지면서 인공지능은 못 하는 것이 없는 것 같아 보인다. 인공지능은 요술 방망이인가? 왜 이런 기술이 갑자기 나타난 것일까? 무엇이 이런 혁명적 변화를 가능하게 했을까? 어떻게 이런 미래 기술이 이미 와 있었을까? 인공지능 기술의 본질은 무엇인가? 어떤 능력을 갖추고 있는가? 한계는 없는가? 이 기술은 우리 경제와 사회, 그리고 인류의 미래에 어떤 영향을 미칠 것인가?

이 책이 여러분의 궁금증을 풀어줄 것으로 기대한다.

인공지능이란 무엇인가

인공지능은 사람 수준의 인식 및 인지 능력, 계획 수립, 학습, 의사소통과
신체적 행동이 요구되는 업무를 해결하기 위하여 컴퓨터로 개발한
인공 시스템이다.

— 미국 대통령실, 2020년 2월

컴퓨터는 사람이 지시한 명령을 차례차례 수행하는 기계이다. 컴퓨터를 이용해 사람의 생각을 자동화할 수 있다. 연구하고 분석해서 구체적으로 명령을 내린다면 컴퓨터는 지능이 필요한 복잡한 업무도 수행할 수 있다. 이런 관점으로 보면 인공지능이란 컴퓨터에 지능적 업무를 하도록 명령하는 기술이라고 정의할 수 있다.

지능의 본질이 무엇이냐는 질문은 철학적이며 그 대답은 쉽지 않다. 인간의 지능에 대한 연구는 전통적으로 언어학, 철학, 교육학 등의 인문학에서 다루어져 왔다.

심리학은 인간의 지각, 인지작용에 대해 탐구하는 학문이다. 지

사람을 흉내내는 인공지능

능적 활동이 일어나는 하드웨어인 두뇌에 관한 탐구는 신경과학과 뇌과학의 영역으로, 생각을 제어하는 두뇌의 작동 메커니즘에 대한 이해는 아직 초보 수준이다. 이런 상황에서 "기계가 생각할 수 있는가? 즉 지능을 가질 수 있을까?"라는 질문은 논쟁적일 수밖에 없다.

주어진 문제를 해결하기 위해 사람과 동일하게 행동하는 기계를 만드는 것이 바람직할까? 아니면 사람의 한계를 벗어날 가능성이 있는 최고의 합리성을 추구하는 것이 바람직할까? 기계가 사람과 같지 않은 과정과 방법으로 문제를 해결하고 지능적 행동을 한다면 그걸 '기계가 지능을 갖추었다'고 할 수 있을까? 등 인공지능과 관련된 질문은 끝이 없다.

사람을 흉내 내는 기계 만들기

'컴퓨터가 보통 사람이 구분할 수 없을 정도로 항상 사람의 흉내를 낸다'라는 명제를 생각해보자. 물론 이런 컴퓨터를 만드는 일은 쉬운 일은 아니다. 어쩌면 영원히 할 수 없는 일인지도 모른다. 그런데 만약 그런 일이 일어났다고 가정하면 컴퓨터도 지능을 갖고 있다고 하는 것이 논리적으로 타당하다는 주장을 한 컴퓨터과학자가 있었다. 그는 컴퓨터의 개념을 창시한 알렌 튜링이다.

그는 어떻게 만드는가의 방법에는 연연하지 말고 어떠한 외부 자극에도 사람과 똑같은 행동, 즉 똑같이 반응하는 컴퓨터를 만들면 이것이 인공지능의 완성이라고 주장한 것이다. 이후 기계를 이용해 사람의 행동을 흉내 내는 것이 인공지능의 목표라고 주장하는 학파가 형성되었다.

2021년 현재 사람을 흉내 내는 기계의 기술은 어느 수준일까? 컴퓨터가 똑똑해서 사람을 '잠시 헷갈리게 할 수 있는 수준'에는 이르렀지만 조금만 더 대화해보면 컴퓨터인지 금방 알 수 있다. 구분할 수 없을 정도로 완벽하게 사람을 흉내 내는 것은 매우 어려운 일이다.

지능형 에이전트 만들기

인공지능의 또 다른 정의를 살펴보자. 그러기 위해서 먼저 에이전트란 것을 정의하자. 에이전트란 쉽게 로봇이라고 생각하면 된다. 센서를 통해서 외부 환경을 지각Perceiving하고 팔다리 같은 액추에이터Actuator를 통해 외부 환경에 영향을 미치는, 즉 행위Acting를 하는 모든 종류의 자동화된 시스템을 일컫는다.

사람은 우리가 쉽게 만나는 에이전트의 일종이다. 사람을 에이전트라고 볼 때 사람은 눈, 귀, 촉감 등의 센서를 통해 외부로부터 정보를 얻는다. 그 반응으로 생각해서 말이나 행동을 하고 외부 환경에 물리적으로 영향을 미친다. 로봇은 기계로 만든 에이전트이다. 카메라, 레이더 등을 센서로, 모터를 액추에이터로 가지고 있다.

에이전트는 지각, 판단, 행동의 세 가지 기능을 순서대로, 순환적으로 반복한다. 판단 기능이 사람의 두뇌 역할에 해당한다. 지각 기능에 의하여 얻어진 정보에 따라 행동을 결정하는 역할을 한다. 판단 기능은 지각과 행동을 연관시키는 함수이다. 즉 행동은 지각에 의하여 결정되는 함수의 값으로 볼 수 있다. 인공지능은 에이전트를 인간과 닮은 지능형으로 만들고자 하는 노력이라고 볼 수 있다.

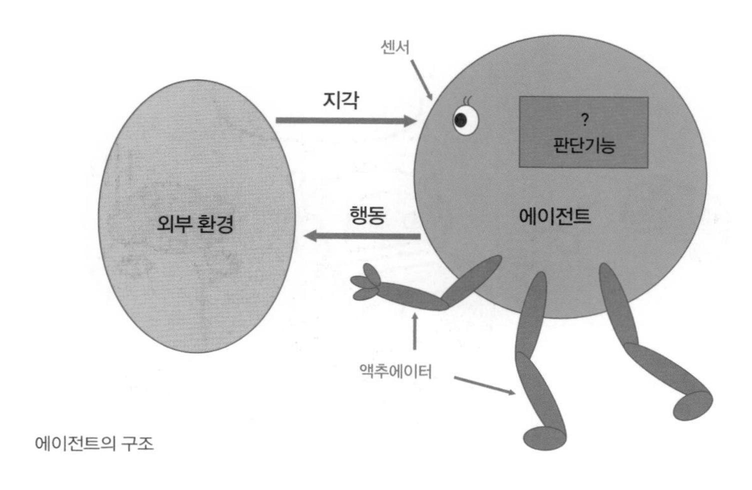

에이전트의 구조

알고리즘으로 만드는 지능

우리는 인공지능이 컴퓨터로 하여금 지능적 업무를 하게 하는 기술이라는 데 동의했다. 인공지능이 사람을 흉내 내는 것이든, 아니면 효용성을 최대화하기 위하여 목표를 설정하고 행위를 하는 것이든 이 모든 과정은 컴퓨터를 이용해 구현된다. 컴퓨터를 이용하여 문제를 해결한다는 의미를 살펴보자.

컴퓨터는 하드웨어와 소프트웨어의 집합체이다. 여기서 소프트웨어란 기계가 수행해야 할 일을 순차적으로 기록한 프로그램과 데이터를 일컫는다. 컴퓨터는 기억장치에 저장된 명령어, 즉 프로

지능적 행동을 하도록 알고리즘을 만들기

그램을 차례차례 수행한다.

컴퓨터가 한 번에 여러 가지 일을 하는 듯 보이지만 컴퓨터는 한 번에 한 가지 명령만을 수행한다. 동시에 여러 작업을 수행하는 것처럼 보이는 병렬 처리 컴퓨터는 여러 컴퓨터의 묶음이다.

따라서 컴퓨터를 이용하여 문제를 해결하려면 컴퓨터가 해야 할 일을 차근차근 하나씩 지시해야 한다. 즉 문제를 해결하는 단계적 방법을 고안해내야 하는데 이를 알고리즘이라고 한다. 알고리즘은 문제를 해결하는 우리의 생각을 절차적으로 표현할 수 있게 해준다.

주어진 업무를 수행하는 알고리즘을 고안했으면 이를 프로그램으로 구현해야 한다. 프로그램을 만드는 작업을 프로그래밍, 또는 코딩이라고 한다. 지능이 필요한 업무를 시키려면 지능이 필요한 업무를 알고리즘화해서 그것을 코드화하여 컴퓨터 하드웨어에 장착해야 한다.

사람이 알고리즘을 수작업으로 코딩하여 컴퓨터에 장착하든, 아니면 기계 학습Machine Learning 알고리즘을 사용하여 컴퓨터 스스로 코드를 만들게 하든, 그 작업을 수행할 컴퓨터 하드웨어에는 똑같다. 컴퓨터 하드웨어는 주어진 코드를 하나씩 차례차례 수행할 것이다.

다시 말하자면 인공지능을 만든다는 것은 지능적 행동을 하도록 알고리즘을 만든다는 의미이다. 이런 뜻에서 "인공지능은 알고리즘으로 만든 지능이다"라는 주장은 매우 설득력 있다.

문제 해결의 범용 도구로써 인공지능

인공지능의 기술은 크게 보면 네 가지로 분류할 수 있다.

첫째는 컴퓨터로 하여금 보고, 듣고, 이해하며, 인간의 언어를 사용하여 소통하게 하는 인지 기술, 둘째는 판단하여 의사결정하며, 계획을 수립하고 문제를 해결하는 기술, 셋째는 지식을 이용하여

우리가 인공지능에 대하여 알아야 할 내용	
인식	인공지능은 센서를 이용하여 사물과 세상을 분별하고 판단한다.
표현과 판단	인공지능은 세상의 표현을 갖고 있으며 이를 통해서 판단한다.
학습	인공지능은 데이터로부터 새로운 것을 배울 수 있다.
자연스러운 상호작용	인공지능은 사람과 자연스럽게 상호작용하기 위해 여러 가지 종류의 지식이 필요하다.
사회적 영향	인공지능이 사회에 미치는 영향은 긍정적인 측면과 부정적인 측면이 모두 있다.

새로운 사실을 추론하는 기술, 넷째는 데이터로부터 배우는 기술이다.

지난 70년 동안 인공지능 영역에서는 이런 요소 기술을 거의 독립적으로 연구하고 구현했다. 그러나 현재는 이런 요소 기술을 종합한 인공지능이 지능적 업무를 자동화하고, 고난도의 문제를 해결하며, 사람과 같은 상호작용을 하는 정보시스템을 만들기 위해 도전하고 있다. 그런 의미에서 인공지능은 정보 시스템을 만드는 첨단기술이라고 할 수 있다.

범용 | 여러 분야에 여러 용도로 널리 쓰이는 것

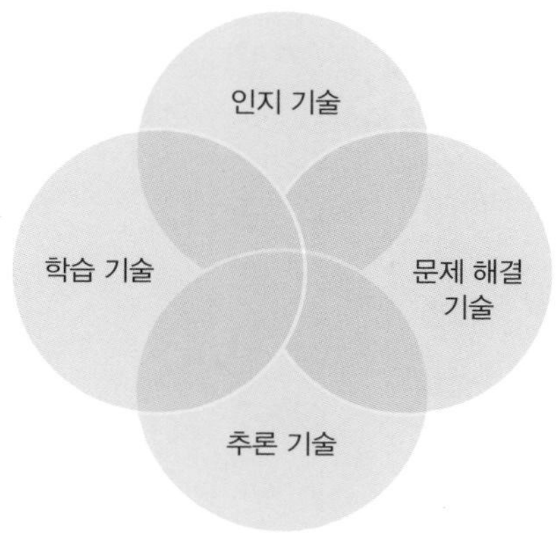

인공지능의 요소 기술

소프트웨어, 인공지능, 기계 학습, 딥러닝의 관계

소프트웨어 기술에는 인공지능 이외에도 많은 기술이 있다. 컴퓨터를 효율적으로 작동시키는 운영체계 기술, 프로그램 작성을 가능하게 하는 프로그램 언어 기술, 인터넷을 운영하는 네트워크 기술, 보안을 다루는 정보보호 기술, 아름다운 혹은 실감형 영상을 만드는 그래픽 및 AR·VR 기술, 많은 데이터를 저장·관리하는 데이터베이스 기술, 소프트웨어 생산성과 신뢰성을 다루는 소프트웨어 공학 등으로 나열할 수 있다.

소프트웨어가 생각을 코딩한 것이지만 모든 소프트웨어 기술을

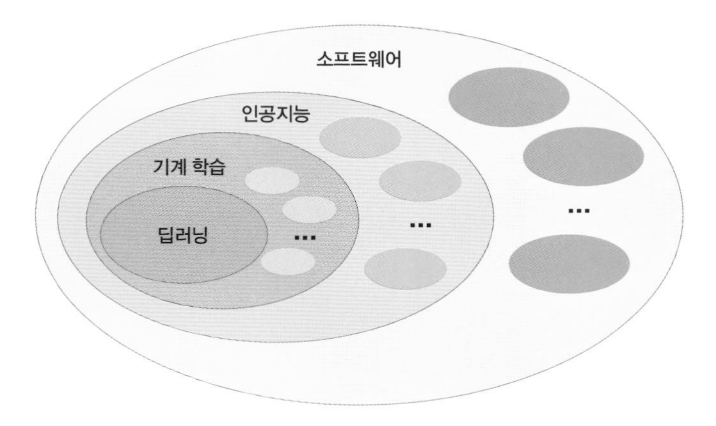

소프트웨어, 인공지능, 기계 학습, 딥러닝의 관계

인공지능 기술이라고 하지는 않는다. 그 경계는 모호하지만 지능적 행동을 흉내 내고 구축하는 기술만을 인공지능 기술이라고 한다.

인공지능은 감정과 의지를 가질 수 있을까

중요한 것은 지적인 기계가 어떤 감정을 가질 수 있느냐가 아니라
기계가 감정 없이도 지능을 가질 수 있느냐는 것이다.

— 마빈 민스키

인공지능이 부끄러움을 느낀다?

SF 영화에서는 인공지능 로봇이 주인에게 사랑을 느낀다든가, 아니면 로봇들이 인간에게 반감을 갖고 반란을 일으킨다든가 하는 내용이 자주 등장한다. 이런 상황이 실제로 가능할까? 과연 분노, 공포, 슬픔, 역겨움, 수치, 모욕감, 당황스러움 등의 감정이나 자의식을 갖는 기계를 만들 수 있을까?

인공지능을 탐구하다 보면 의식이나, 감정, 창의성이 무엇인가 하는 철학적인 질문과 자주 마주치게 된다. 이러한 질문들은 '생각

한다는 것이 무엇인가'라는 질문과 같이 본질적이다. 의식이란 모든 상태의 느낌, 감각, 자각으로 이루어진다고 한다. 그러나 이것이 무엇인가에 대해서는 철학자들 사이에서도 의견이 분분하다. 신경과학자는 이를 생물학적 현상으로 정의한다.

감정은 지능적인 고등 동물에게서 나타나며, 더 지능적일수록 더 풍부한 감정을 나타내는 경향이 있다. 사람은 모든 순간순간 어떤 감정의 상태를 유지한다. 감정 상태는 의사결정을 하는 데 중요한 요소 중 하나임을 부정할 수 없다. 어떤 감정 상태에 있는가에 따라 의사결정의 결과가 달라진다. 외부 자극에 따른 감정의 형성과 반응 속도는 사람에 따라 다르다. 사람마다 다른 성격, 즉 개성을 갖고 있다. 그래서 감정도 지능의 일부일까? 감정이 없으면 지능이 없는 것인가? 등 이러한 질문들은 매우 철학적이다.

기계가 감정을 가질 수 있을까

인공지능은 감정을 가져야 하는가? 또는 기계가 감정을 가질 수 있느냐하는 궁극적인 문제를 생각해보자. 사람을 흉내 내는 것을 인공지능이라고 생각하는 학자들에게는 감정을 가진 인공지능을 만들었다는 것은 사람이 느끼는 것과 똑같은 감정의 상태를 갖게

인공지능도 사람처럼 감정을 가질 수 있을까?

하고 그 감정 상태에 따라서 의사결정하는 기계를 만들었다는 것을 의미한다. 사람을 흉내 내서 만든 기계가 정말로 감정을 느끼는 것인가? 아니면 느끼는 척하는 것인가? 기계가 알고리즘이 정한 대로 작동하는 것을 보고 사람들이 감정을 가졌다고 생각하는 것은 아닐까?

현재 대부분의 인공지능 학자들은 자의적 판단으로 인류를 위협하는 기계는 불가능하다고 생각한다. 이런 기계가 가능하더라도 가까운 장래는 아닐 것으로 생각하고 있다. 기계는 생존과 번식하려는 생물학적 욕구와 그에 근거한 감정이 없기 때문이다.

감성 컴퓨팅

그러나 지금의 인공지능 기술은 기계가 감정을 가진 것처럼 흉내 내게 할 수 있다. 그리고 또 외부 자극에 대한 반응으로 사람과 유사한 감정 상태를 갖도록 기계를 만들 수도 있다. 만드는 방법은 외부 자극과 이때 갖는 사람의 감정을 데이터로 입력해 학습을 시키면 가능하다. 감정 상태에 따라 외부 자극에 다르게 반응하는 것도 쉽게 흉내 낼 수 있다.

사람의 감정을 인식하고 이에 적절히 대응하는 인공지능에 관한 연구 분야를 감성 컴퓨팅Affective Computing 이라고 한다. 사람의 표정이나 말소리를 듣고 감정 상태를 판단한다. 수업을 듣는 학생이 지루해 하는지 인공지능이 파악해서 선생님에게 알려주면 선생님이 휴식 시간을 갖도록 하거나, 수업 방식을 바꿀 수 있다. 또 댓글을 읽고 독자의 반응을 알아내는 것도, 긴 문장을 읽고 그 뉘앙스를 분석하는 것도 가능하다.

약한 인공지능과 이에 대립하는 개념의 강한 인공지능

약한 인공지능과 강한 인공지능

우리가 만나고 있는 인공지능은 모두 프로그램된 지능이다. 프로그램된 지능은 프로그램된 특정 업무만을 수행한다. 그 프로그램이 코딩으로 만들어졌던, 아니면 기계 학습 알고리즘을 이용하여 데이터 학습으로 만들어졌던 정해진 것만 정해진 대로 수행한다. 이런 정해진 것만 수행하는 인공지능을 약한 인공지능, 혹은 좁은 인공지능이라고 한다.

알파고는 바둑을 잘 두지만, 바둑만 두는 프로그램이다. 다른 작업을 할 수는 없다. 방송 퀴즈쇼에 나가서 다양한 문제에 대답한 인공지능 왓슨도 지식 데이터베이스를 신속히 검색하고 추론을 통해 답을 만들어낼 뿐이다. 물론 자연어로 주어진 문제를 해석하여 무엇을 찾아야 하는지 알아내는 능력도 미리 프로그램된 것이다. 정교한 기술로 복잡한 도로 상황에서 자율적으로 운행하는 자율주행차도 예측했던 상황에 대응하도록 프로그램된 것이다. 예측하지 못했거나 미리 준비되지 않은 상황에는 대응하지 못한다. 자율주행차가 아직 실용화되지 못하는 이유도 현실 세계의 도로 위에서 일어날 수 있는 상황이 너무 복잡해 모든 상황에 대응하도록 프로그램할 수는 없기 때문이다.

데이터를 학습하여 성능을 증강, 보완하는 인공지능도 약한 인공지능이다. '새로운 것을 배운다는 것'을 두고 '프로그램되지 않은 새로운 능력을 갖추게 되는 것이 아닌가'라고 생각할 수 있지만 그렇지 않다. 미리 정해진 대로 데이터를 만나면 그 값에 따라 행동을 하도록 프로그램된 것을 컴퓨터가 수행할 뿐이다.

우리가 지금 접하는 인공지능은 모두 약한 인공지능으로 좁은 영역의 정해진 기능은 전문가를 능가하는 수준의 업무처리 능력을 갖출 수 있다. 하지만 그 인공지능이 스스로 목표를 세우고 '의지'를 발휘하는 일은 절대 일어나지 않을 것이다.

약한 인공지능에 대립하는 개념이 '강한 인공지능'이다. 강한 인공지능은 범용 인공지능이라고도 한다. 이 개념에는 여러 가지 다른 상황에서 여러 가지 문제를 해결한다는 범용성 개념과 독립적으로 의지를 갖고 의사결정을 한다는 두 가지 개념이 섞여 있다. 쉽게 말하자면 생명체인 사람과 같이 생존하고 번영하기 위하여 생각하고 행동하는 지능을 의미한다. 강한 인공지능을 사람처럼 생각하는 인공지능이라고 정의한다면 '기계가 생각할 수 있는가?'라는 원초적 질문으로 다시 회귀하게 된다.

강한 인공지능은 아직 연구자들의 꿈이다. 강한 인공지능을 실제로 만들어낼 수 있을지조차 모른다. 구현 방법에 대한 가장 초보적인 아이디어조차 없는 상황이다. 스티븐 호킹 박사, 마이크로소프트의 창업자인 빌 게이츠, 테슬라의 일론 머스크 등이 인공지능의 위험성을 자주 경고했는데, 이는 모두 상상 속의 강한 인공지능을 이야기하는 것이라 과장된 측면이 없지 않다.

인공지능이
항상 윤리적일까

인공지능의 능력과 위험에 대한 지난 10년 동안의 우려가
터미네이터라는 환상을 현실로 옮겨왔고, 킬러 로봇에 대한 불안은
당장 해야 할 걱정이 되었다.

— 피터 밀리컨

무기체계에 인공지능을 장착하다

인공지능을 장착한 자동화 무기는 공포의 대상이다. 스스로 돌아다니며 사람을 살생한다면 끔찍한 상황이 벌어질 것이다. 더구나 잘못된 판단을 하는 인공지능을 상상해 보아라. 이를 우려해서 인공지능을 무기에 장착하지 말라는 시민운동가들의 요구는 계속되고 있다.

2018년 초 여러 세계적 학자들이 KAIST와 인공지능 공동 연구를 거부하겠다고 발표했다. 자율적으로 사람을 공격하는 인공지능

인공지능은 윤리적일까?

무기체계를 KAIST 교수들이 개발하고 있다고 잘못 알려졌기 때문이었다. 열심히 설명하여 진정시켰지만, 무기체계를 위한 인공지능의 연구 개발은 여기저기서 갈등을 야기하고 있다. 안타깝게도 인공지능이 무기체계에 탑재되는 것을 피할 수는 없을 듯하다. 인공지능이 무기의 성능을 획기적으로 향상시키기 때문에 많은 국가와 단체에서 유혹에 넘어가기 쉽기 때문이다.

세계 각지에서 벌어지고 있는 킬러 로봇 반대 시위
출처: Campaign to Stop Killer Robots

자율주행차의 딜레마

자율주행차의 경우 사고가 나면 법적 책임과 윤리적 운행 문제가 난감한 사안이다. 운전자 없이 스스로 움직이는 자동차가 사고를 유발하면 그 책임을 누가 져야 하는가?

딜레마 | 딜레마Dilemma는 두 가지 선택 중 각각 받아들이기 어렵거나 불리한 상태를 말한다. 딜레마의 어원은 그리스어 di(두 번)과 lemma(제안, 명제)의 합성어로 된 '두 개의 제안'이라는 뜻이다.

	인공지능 개발과 활용에 있어서 지켜야 할 원칙
1	인공지능을 사회적으로 유용하게 사용해야 한다.
2	불공평한 편견을 배제해야 하며 공정하게 판단해야 한다.
3	안정성이 있어야 한다. 사람에게 위해를 가하면 안 된다. 인공지능은 항상 사람의 지시와 통제하에 있도록 하고, 개인정보를 보호해야 한다.
4	투명성이다. 어떻게 결론을 도출하게 되었는지 사람이 이해하도록 밝혀야 한다.
5	신뢰성이다. 안전하고 항상 목표한 대로 행동해야 한다.

우리나라 현행법 체계는 사람과 법인만을 권리 의무의 주체로 하고 행위 책임을 사람과 법인에만 묻고 있다. 따라서 알고리즘이 판단하여 움직이는 자율주행차의 사고는 그 책임 소재가 불분명하기 때문에 문제이다.

자율주행 알고리즘은 아직 완벽하지 못하다. 그리고 자주 사고를 낸다. 기술은 계속 발전하겠지만 사고를 완전히 배제할 수는 없을 것이다. 만약 자율주행차가 사고에 연루가 되면 탑승자, 알고리즘 제작사, 사고에 연루된 상대방 운전자 간의 사고 책임을 어떻게 나눌지 결정하는 것은 간단한 문제가 아니다. 가장 큰 난제는 딥러닝으로 개발되는 현재의 자율주행 알고리즘은 사고 경위와 의사결정 과정을 설명하지 못하기 때문에 보상과 해결이 더욱 어렵다는 것이다.

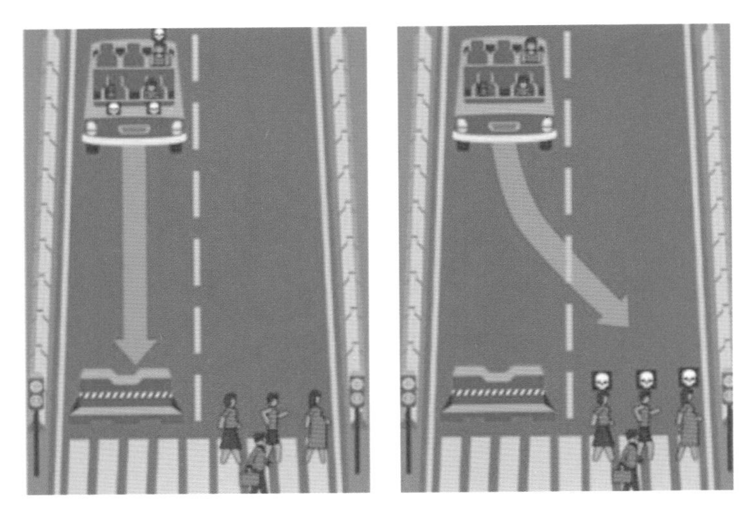

자율주행 차의 딜레마를 보여주는 MIT 대학의 '윤리적 기계'에 관한 연구 중에서

자율운행 알고리즘은 모든 자동차가 교통 규칙을 지킬 것으로 예상하고 운행하지만, 사람들은 종종 규칙을 지키지 않는다. 이런 경우 때문에 자율운행 알고리즘을 만들기가 난감하다. 방어운전을 해야 한다지만 어디까지 방어를 해야 하는가?

하나의 사례를 살펴보자. 세 명의 승객을 태우고 주행하던 자율주행차가 피할 수 없는 장애물을 발견했다. 이때 선택은 둘 중 하나뿐이다. 급히 핸들을 꺾어서 길을 건너던 무고한 세 명을 살상하고 탑승객을 지키거나 그대로 장애물과 충돌하여 탑승객 세 명에게 상해를 입히는 경우다. 어느 경우가 더 윤리적인가?

만약 길을 건너던 사람이 한 명이라면? 길을 건너던 세 명이 신호를 위반하고 있었다면? 탑승객은 소년들이고 길을 건너던 사람들은 노인들이었다면? 이런 모든 상황에서 자율주행차의 윤리적 행위를 미리 알고리즘화할 수는 없을 것 같다.

인간을 능가하는 인공지능이 가능할까

문명의 지능 대부분은 결국 비생물학적인 형태가 될 것이고
이번 세기말 무렵에는 비생물학적 지능이 인간의 지능보다
수조 배의 수조 배만큼 강력해질 것이다.

— 레이 커즈와일

사람과 인공지능을 비교하면?

사람을 능가하는 인공지능은 언제쯤 가능한가? 초기의 인공지능 학자들은 잘 만들어진 하나의 프로그램이 사람의 지능을 넘어설 수 있으리라 생각하고 연구에 임했다. 실패를 거듭했지만 지금도 많은 연구자들이 범용 인공지능이라는 강력한 하나의 알고리즘을 꿈꾸고 있다.

사람의 지능과 인공지능을 1차원적으로 비교하는 것은 합리적이지 않다. 왜냐하면 어떤 문제는 기계가 더욱 신속히, 합리적으로

사람의 능력을 뛰어넘는 영역이 늘어나고 있는 인공지능

해결할 수 있지만 다른 문제는 사람이 앞선다. 물론 인공지능이 사람의 능력을 능가하는 부분이 점점 더 늘어나고 있다. 하지만 모든 영역에서 인공지능이 사람의 능력을 능가하는 것은 쉽지 않아 보인다.

그러나 좁은 영역에서의 문제는 인공지능이 더 잘 할 수 있다. 2016년 한 인공지능 학회에 참가한 인공지능 연구자 350명을 대상으로 '언제쯤 사람보다 잘하는 인공지능이 등장할 것이라고 생각하는지' 조사해 보았다. 물론 여기에서의 인공지능이란 좁은 의미의 인공지능이다. 즉 특정 영역에서 사람보다 잘하는 프로그램이 언제쯤 만들어질 수 있는가를 물은 것이다.

사람보다 잘하는 인공지능, 언제쯤 등장할까			
업무	등장 시기	업무	등장 시기
언어 번역	2024년	소매 점포에서의 업무	2031년
고교 에세이 작성	2026년	베스트셀러 소설 집필	2049년
트럭 운전	2027년	외과의사	2053년
톱 40 팝송 작곡	2027년	인공지능 연구	2103년

그 결과는 위의 표와 같이 정리할 수 있다. 인공지능 연구자들의 의견은 글 쓰고, 운전하고, 작곡하는 업무 등에서 2020년대 중반쯤에는 인공지능이 보통 사람보다 잘할 것이라고 예상했다. 베스트셀러 소설 집필과 외과의사의 수술 업무는 2050년쯤이면 가능할 것이라고 예상했다. 심지어 2103년이면 인공지능 연구조차 인공지능이 더 잘할 것이라고 예상해 충격을 주었다.

결론적으로 인공지능 연구자들은 40년 후에는 모든 업무 분야의 50%에서 인공지능이 사람보다 잘할 것이라고 예측했다. 120년 후에는 모든 업무 분야에서 인공지능이 인간을 뛰어넘을 것으로 예상했다. 즉 120년 후에는 인류의 모든 일거리가 자동화되어 인간은 할 일이 없게 되리라는 것이다.

Katja Grace, et al. When Will AI Exceed Human Performance? Evidence from AI Experts, May 2017.05.30. https://arxiv.org/abs/1705.08807

이 설문의 마지막 질문은 '언젠가 인공지능이 인간의 모든 일거리를 빼앗을 수 있을 텐데 그래도 인류에게 도움이 될까?'이다. 이 질문의 답은 인공지능이 '매우 이롭다'와 '이롭다'가 20%와 25%, '해롭다'와 '매우 해롭다'가 10%, 5%로 조사되었다. 다행히도 인공지능이 인류에게 이롭다고 생각하는 연구자가 더 많았다. 인공지능 연구자들이 자기가 하는 연구의 사회적 가치는 인정하고 있다는 얘기다.

02

인공지능을 만드는 기본 기술

사람처럼 vs 합리성 추구

인공지능은 인류가 연구하고 있는 것 중 가장 심오한 것이다.
불이나 전기보다 더 심오하다.
— 선다르 피차이

세상의 모델

앞서 우리는 인공지능 개발을 '에이전트를 지능형으로 만드는 사업'으로 정의했다. 에이전트는 센서를 통해서 외부 환경, 즉 세상으로부터 정보를 얻고 취할 행위를 결정한다. 이후 액추에이터를 통해 외부 환경에 영향을 끼친다.

그런데 에이전트가 활동하는 외부 환경은 간단한 세상이 아니다. 세상은 끝이 없는데, 에이전트가 인지하는 세상은 제한된 것이 문제다. 에이전트는 전체를 관찰하거나 이해할 수 없다. 에이전트

복잡한 세상을 단순화시킨 세상의 모델

가 감지할 수 있는 것은 오직 부분일 뿐이다. 제한된 감각기관 때문이다. 어쨌든 에이전트가 세상을 파악하는 데에는 항상 불확실성이 존재한다.

또 액추에이터를 사용했을 때 에이전트의 의도대로 항상 작동하지 않는다. 상황 판단에서 잘못도 있겠지만 액추에이터의 정밀성이 제한된 것도 하나의 원인이다. 세상과 에이전트의 상호작용에도 항상 불확실성이 존재한다.

불확실성이 존재하는 세상을 에이전트가 어떻게 '생각'하는가에 따라서 문제 해결의 방법이 다르다. 에이전트의 생각은 그 나름의 '세상 모델'이다. 모델이란 현실 세계의 복잡한 현상을 추상화하거나 가정 사항을 도입하여 단순하게 표현한 것이다. 세상이 복잡하므로 단순화하지 않으면 제한된 자원으로 문제를 해결할 수 없다.

사람처럼 vs 합리성 추구

인공지능 개발 방법론의 연구에서는 두 학파가 있다. 하나는 인공지능이 사람처럼 생각하고 행동하도록 만들자는 학파이다. 이를 '사람처럼' 학파라고 하자. 다른 학파는 사람이 어떻게 하는가에 연연하지 말고 인공지능이 합리적으로 생각하고 행동하도록 만들자는 학파다. 이를 '합리성' 학파라고 하자.

'사람처럼'과 '합리성 추구'의 엎치락뒤치락

사람 흉내를 내는 인공지능 제작이 목표라면 사람이나 고등 동물의 능력을 분석하거나 학습하여 흉내 내도록 하는 것이 바람직

합리적 | Rational, 合理的. '이성적'과 동의어. 논리적이고 과학적인 사고방식, 행동방식을 말한다.

하긴 하다.

그러나 굳이 사람을 흉내 내어야 하는가? 주어진 문제를 수학적으로 정형화하고 최적화해서 해결 방법을 찾는 합리적 방법론이 바람직한 문제 풀이가 아닐까? 역사적으로 합리성 학파가 많은 성과를 냈다. 만약 새처럼 만드는 것에 집착했다면 더 멀리, 더 많은 짐을 싣고 나르는 지금의 비행기는 만들지 못했을 것이다.

인공지능에서도 그 예를 알파고로 대표되는 컴퓨터 바둑 프로그램에서 찾을 수 있다. 초기에는 수학적으로 접근했지만 경우의 수가 너무 많고, 복잡도가 높아서 바둑 프로그램의 성능이 좋지 않았다. 대안으로 시도된 것이 고수의 패턴을 따라하는 전략이었다. 이것은 '사람처럼 방법론'이다.

그러나 곧이어 나타난 알파고제로는 달랐다. 사람의 기보는 일절 사용하지 않았고 컴퓨터 간의 대국만으로 지식을 쌓았다. 이렇게 만들어진 알파고제로의 기풍은 사람이 전혀 생각하지 못했던 것이었다. 그리고 더 이상 사람이 대적할 수 없게 되었다. '합리성 추구'의 완벽한 승리인 것이다.

인공지능 도전의 역사

내가 더 멀리 봤다면, 그것은 거인들의 어깨에 서 있었기 때문이다.
거인들의 어깨에 서 있는 것은 창의성, 혁신, 그리고 개발에 있어서 꼭 필요한 부분이다.
— 아이작 뉴턴, 1675년

되풀이되는 도전과 실패의 역사 70년

지난 70년 동안 인공지능을 만들기 위하여 무수히 많은 기술이 나타나서 경쟁했다. 새로운 기술이 나타나면 그 기술에 대한 기대로 많은 관심과 투자가 그 분야에 몰렸다. 그러나 그 기술의 한계가 밝혀지면 관심과 투자는 떠났다. 그러다 어느새 또다시 새로운 기술이 떠올랐다. 새로운 기술은 관심이 소홀했던 분야에서 한계를 극복한 경우도 있었고, 완전히 다른 학문 분야의 아이디어가 접목된 경우도 있었다. 인공지능을 목표로 다양한 신기술의 부침이 계속되었다. 따라서 인공지능을 하나의 기술이라고 하기 보다는 연구의 목표, 비전이라고 하는 것이 더 적절할 것이다. 기술의 결과는 종종 혁신적으로 보이지만 그 과정은 항상 점진적이었다. 특히 인공지능 기술은 더욱더 그렇다.

기호를 처리하는 디지털 컴퓨터의 탄생

인공지능 개발의 씨앗은 '인간의 생각하는 과정을 기호Symbol의 기계적 조작으로 묘사할 수 있다'는 생각에서 시작되었다. 이런 생각은 1940년대 디지털 컴퓨터의 발명을 가능하게 했다. 컴퓨터는 여러 가지 의미에서 기존의 기계와는 성격이 다르다. 하드웨어와 소프트웨어 개념이 도입되었다. 하드웨어가 만들어진 후 소프트웨어에 의해 기계의 성격이 결정된다. 따라서 컴퓨터는 모든 기계의 역할을 할 수 있다. 보편기계Universal machine의 개념이다. 컴퓨터를 이용하여 생각을 자동화할 수 있다. 사람이 컴퓨터에 지능이 필요한 업무를 수행하도록 구체적으로 명령을 내리면, 컴퓨터는 지능적 업무를 수행하게 할 수 있다. 컴퓨터의 발명은 인공지능의 시작이었다. 컴퓨터의 개념을 정립한 앨런 튜링이 기계는 생각할 수 있다고 주장한 것은 우연이 아니다.

기호를 처리하는 디지털 컴퓨터의 탄생

연결주의의 시작과 몰락

신경과학 분야에서 신경세포 연구는 19세기부터 시작되었고 많은 노벨상 수상자를 배출했다. 1950년경 신경세포를 모방한 인공신경망이 발명되었다. 단순하고 획일적인 노드들의 연결로 구성된 인공신경망이 간단한 논리 기능을 할 수 있다는 것을 입증했다. 문제를 해결하는 능력이 노드 간 연결에 담겨있다는 뜻을 담아 이러한 연구 철학을 연결주의connectionism라고 한다. 그러나 연결주의는 곧 한계가 발견되어 관심에서 벗어났다.

자연어 처리 시도의 실패

초기부터 자연어로 컴퓨터와 소통하는 것은 인공지능 연구의 중요한 목표였다. 그 당시에는 패턴 정합 방식으로 문장의 구조 분석을 시도했었다. 한 예로 단순히 영어 단어를 러시아의 단어로 대체하고 위치를 바꿔줌으로써 러시아 문장의 영어 번역을 시도했으나 실패했다. 의미의 이해가 없으면 번역도 불가능하다는 것을 실패를 통해 배웠다.

복잡도에 대한 몰이해

초기 연구자들은 인공지능 구축에 어려움을 심각하게 과소평가했다. 이 당시 연구는 주로 범용성 있는 일반적인 문제 풀이 방법론에 집중했다. 그러나 실세계의 많은 문제가 기하급수적인 복잡도를 갖는다는 것이 발견되었다. 따라서 작은 문제에서의 성공이 실세계 문제로 확장될 수 없음을 실감했다. 생활 속에서 기하급수적인 예를 들어보면 조건만 맞으면 대장균 한 마리가 8시간 만에 1,700만 마리로 늘어날 수 있고 이에 따른 복잡도는 우리가 상상할 수 없다.

또 하나의 예를 들면 주어진 도시를 모두 돌아서 출발점으로 돌아오는 최단 거리의 경로를 찾는 문제다. 가능한 모든 경로를 비교해야 한다. 경로의 수는 기하급수적으로 증가한다. 도시가 3개면 1개의 경로, 4개면 3개, 10개면 181440개, 16개면 653837184000개, 52개면 8×10^67(8뒤에 0이 67개가 붙는 커다란 크기의 수)가 된다. 슈퍼컴퓨터로도 계산이 불가능할 정도다.

이런 약점에 더해서 철학, 심리학 등 다른 분야의 학자들이 인공지능의 기본 전제에 이의를 제기했고, 인공지능 연구자들은 적절히 대응하지 못했다.

전문가 시스템의 부상과 침체

일반적인 문제 풀이 방법론이 실용적으로 사용할 수 있는 성과를 내지 못하게 되자 강력한 실용성을 추구하는 학파가 부상한다. 잘 정제된 전문 지식을 이용하여 좁지만 깊이 있게 문제를 해결하자고 주장하는 전문가 시스템 학파다.

전문가 시스템이 성공한 가장 큰 이유는 영역을 제한했기 때문에 깊이 있는 지식을 모을 수 있었다는 것이다. 또한 만들어진 프로그램을 쉽게 수정하고 확장할 수 있었고, 의사결정 과정을 설명할 수 있다는 것이 큰 장점이었다. 이에 1985년경 일본이 주도하여 전문가 시스템 방법론을 이용하여 제5세대 컴퓨터를 만들고자 하는 노력이 있었으나 복잡한 문제의 해결에는 한계가 있고, 개발 환경의 경쟁에서 실패하는 바람에 관심 밖으로 밀려났다.

연결주의의 재부상

1980년대 중반에 들어서 인공 신경망의 학습 알고리즘인 오류 역전파 신경망 훈련 알고리즘이 재조명되고 활성화되었는데 이는 연결주의 연구를 인공지능의 본류로 다시 이끌어 내는 계기가 되었다.

1990년 이후 인공지능 연구계에 큰 변화가 있었다. 인공지능의 세부 영역들이 독립적으로 성장하기 시작한 것이다. 컴퓨터 비전, 패턴인식, 자연어 이해, 데이터 마이닝, 인공 신경망 등 세부 영역들의 연구가 강화되었다. 그리고 컴퓨터의 계산 능력이 크게 성장하며 확실한 성과를 보여주기 시작했다.

1997년 IBM의 체스 프로그램 딥블루는 세계 체스 챔피언을 이겼다. 딥블루의 성공은 새로운 방법론이라기 보다는 강력한 병렬 처리 컴퓨터의 능력 덕분이었다. 특수 제작된 병렬 컴퓨터를 이용하여 방대한 게임트리를 깊이 탐색함으로써 좋은 성과를 낼 수 있었다.

다시 폭발하는 인공지능 연구

심층 신경망 구조와 딥러닝 학습 알고리즘의 발전 그리고 강력한 계산능력과 많은 데이터를 모을 수 있는 능력이 2010년부터 다시 인공지능 연구를 폭발시키는 계기가 되었다. 2016년 바둑에서 알파고의 승리는 기계 학습과 시행착오를 거치면서 바람직한 행동을 배우는 강화 학습의 기여가 크다.

목표를 달성하는
문제 해결 기법

지능이란 목표를 성취하기 위하여
시간을 포함한 제한된 자원을 최적으로 사용하는 능력이다.
— 레이 커즈와일

문제 해결 기법

우리의 일상 대화에서 '문제 해결'이란 단어는 장애나 고난을 극복한다는 의미로 사용하지만 인공지능 영역에서는 '목표를 달성하는 방법'이란 의미로 사용된다. 인공지능 교과서에서 본격적인 기술 소개는 항상 문제 해결Problem Solving 기법으로부터 시작된다. 자주 사용되는 문제 해결 기법으로는 탐색 기법이 있다. 에이전트가 처한 상황에서 취할 수 있는 바람직한 행동을 찾는 기법으로 탐색 기법의 성능이 에이전트의 지능 수준을 결정한다. 좋은 탐색 기법을 갖춘 에이전트는 더 지능적인 행동을 더 빠르게 찾을 수 있다.

탐색 기법은 탐색 공간 정보의 유무에 따라서 두 가지 형태로 구분할 수 있다. 첫 번째 문제 형태는 탐색해야 할 공간의 정보가 모두 알려져 있다는 것이다. 지도를 가지고 최단 경로를 찾는 문제와 같다. 에이전트가 목표에 도달하기 위한 여러 경로를 미리 만들어 볼 수 있다. 여러 경로 중에서 최적의 경로를 선택한다. 탐색은 행동으로 옮기기 전에 일어난다. 즉 계획을 세우기 위함이다.

두 번째 형태의 문제는 탐색 공간에 대한 전반적 차원의 정보가 부족하다는 것이다. 단지 국지적 정보만 가지고 있을 뿐이어서 안개 속에서 길을 찾는 것과 같다. 따라서 멀리 보고 계획을 세울 수가 없다. 현재 상황에서 즉시 취할 행동의 평가만 가능할 뿐이다. 이렇게 선택한 행동이 전역적 차원에서 최적임을 보장할 수 없다. 오직 행운을 기대할 뿐이다.

탐색 기법은 일반적인 문제 풀이 방법으로 넓은 영역에서 다양한 문제에 적용할 수 있다. 인공지능이 학문으로 자리를 잡기 시작할 때 문제 해결의 일반적인 방법론 연구에 집중했던 것은 범용 인공지능에 대한 기대 때문이었다.

계획 세우기

계획 세우기는 목표를 달성하는 여러 가능한 행동 중에서 에이전트가 어느 행동을 선택해야 목표에 도달할 수 있는가를 찾아내는 기술이다. 하나의 행동으로 목표에 도달할 수 없을 때가 대부분이기 때문에 여러 행동을 순차적으로 수행하여 목표에 도달해야 한다. 즉 행동하기 위한 계획을 세우는 것이다. 목표에 도달하는 데에는 여러 경로가 있을 수 있다. 이 중에서 주어진 평가 기준에 의하여 최적의 경로를 찾는다. 이는 네비게이션으로 길 안내를 받을 때 최단 거리, 최소 시간, 무료 주행 등 다양한 평가기준을 선택할 수 있는 것과 같다.

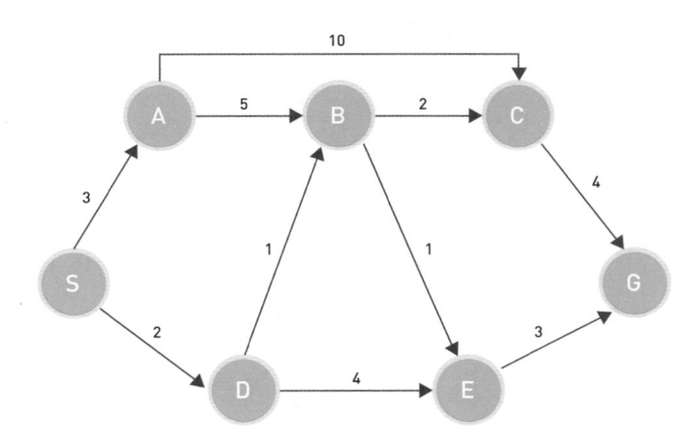

상태 그래프. 각 상태에서 도달 가능한 상태가 화살표로 표시되고
비용이 기록되어 있다. 최소비용 경로를 찾는 알고리즘을 만들어보자.

복잡도의 폭발

가능한 경로를 모두 찾는 문제는 매우 복잡하다. 생성 가능한 경로가 너무나 많기 때문에 복잡한 것이다. 경로가 많은 문제를 문제해결의 복잡도가 매우 높다고 한다. 경로가 많은 문제를 출발 노드로부터 도달할 수 있는 노드를 트리 형태로 표현한 것을 탐색트리라고 한다.

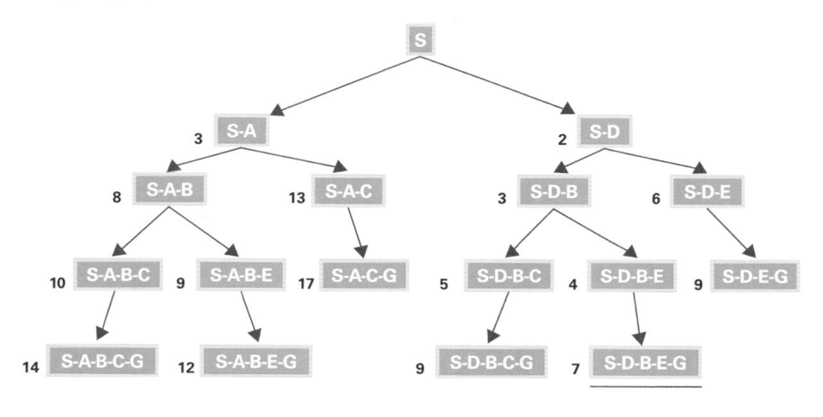

탐색트리의 상태 그래프 경로

경우의 수가 복잡할 때 최소비용으로 완성경로를 만드는 법

경우의 수가 기하급수적으로 늘어나는 문제에서 최솟값을 탐색하는 데 많은 계산이 필요하다. 경우의 수가 복잡할 때 효율을 높

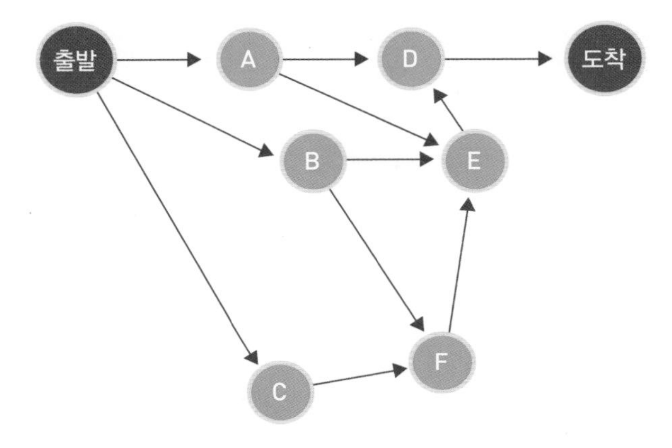

C로 돌아가는 것이 멀어보이는데 확인하지 않아도 되지 않을까?

이는 방법은 탐색트리에서 노드를 만들어가는 순서를 지능적으로 수행함으로써 가능하다.

먼저 탐색트리에서 어느 노드가 목표에 도달했는가를 확인(점검)한다. 만약 목표에 도달하지 않았다면 그 노드에서 도달할 수 있는 다음 노드를 만들어 노드를 확장한다. 노드를 확장하는 순서가 지능적 알고리즘의 핵심이다. 그 노드까지 도달하는 비용이 적은 순서로 노드 확장을 반복한다. 노드의 확장으로 완성경로를 발견하

노드 | 쓰임에 따라 여러 의미로 쓰인다. 연결지점이라고 할 수 있다.

게 된다면 완성된 그 경로가 최소 비용의 완성 경로이기 때문에 탐색을 종료할 수 있다.

정상에 가려면 언덕 오르기를 반복해야

탐색해야 하는 공간이 매우 복잡해 계산적으로 최적을 찾기 어려운 문제일 경우, 가지고 있는 제한된 국지적 정보만을 가지고 문제 해결을 시도해야 한다. 국지적 탐색 알고리즘은 현 위치에서 가장 좋은 이웃, 즉 (목적)함수의 값이 가장 많이 증가하는 이웃으로 한 발자국 이동하는 것이다. 이를 반복한다. 이런 탐색법을 언덕 오르기Hill-Climbing 알고리즘이라고 한다. 이 알고리즘은 안개가 자욱해 앞을 내다볼 수 없는 산속에서 정상을 찾아가는 방법으로 생각할 수 있다. 앞이 보이지 않아 전체 지형을 볼 수 없기 때문에 정상에 도달하는 길을 알 수 없다. 이런 경우 시도해 볼 수 있는 유일한 방법은 경사가 가장 가파른 방향으로 한 발자국 올라가 보는 것이다. 이를 반복하다 보면 정상에 도달하게 된다.

그런데 도달한 곳이 최정상이 아니라 지역의 작은 봉우리일 수도 있다. 또는 반대로 넓은 평지에서는 경사가 가파른 방향을 찾지 못 할 수도 있다. 이렇게 실패 가능성이 있는 경우 이를 최소화

언덕 오르기를 반복하는 정상 오르기

하기 위해 가던 방향으로 계속 가게 하거나, 작은 계곡을 뛰어넘게 하거나, 보폭을 조정하는 등 다양한 아이디어를 사용한다.

정상에 가려면 올라갔다 내려가는 경우도 있다

언덕 오르기나 급경사탐색 알고리즘은 탐색 중에 산을 오르던 방향을 되짚어 내려갈 수는 없다. 그러나 목표 정상에 도달하기 위해서 낮은 봉우리를 넘거나 낮은 봉우리에 올라갔다 내려가는 길을 거쳐야 할 때도 있다.

이것을 가능하게 하는 것이 모의 담금질 알고리즘이다. 금속의 담금질에서 영감을 받은 이 탐색 알고리즘은 가끔 의도적으로 나쁜 방향을 선택하기도 한다. 나쁜 방향을 선택함으로써 낮은 봉우리를 벗어날 가능성이 생긴다. 나쁜 방향 선택의 빈도는 확률로 조정한다.

강한 자는 살아남는다

유전자 알고리즘은 언덕 오르기나 급경사탐색 알고리즘의 발전된 형태이다. 지금까지 본 언덕 오르기나 급경사탐색 알고리즘은 하나의 상태를 추적한다. 이를 확장하여 동시에 k개의 시작 상태에서 탐색을 시작하여 매 단계 마다 가장 좋은 k개의 상태를 유지하게 할 수 있다. 그러면 단계마다 가장 좋은 상태에만 탐색을 집중하는 유전자 알고리즘이 만들어진다.

우수한 부모만 자손의 생성에 참여하되 다양한 가능성을 생성하

적자생존 | 適者生存, survival of the fittest. 환경에 가장 잘 적응하는 생물이나 집단이 살아남는다는 의미를 가진 문구

기 위하여 돌연변이를 시도한다. 즉 부모가 갖고 있지 않은 형질을 가질 수 있도록 무작위로 형질의 변형을 가한다. 이 과정에서 강한 자손이 생성되기를 기대한다.

적대적 상황에서 탐색

적대적 상황의 대표적인 사례는 경쟁하는 두 사람이 게임에서 얻을 수 있는 결과의 합이 0이 되는 제로섬 게임이다. 즉 한 사람이 얻는 것만큼 상대방은 손실을 본다. 두 사람이 교대로 수를 놓는 게임에서는 상대방이 취할 수 있는 모든 수에 대응하여야 한다. 수를 찾는 사람은 게임트리를 형성하여 최적의 수를 탐색한다.

카드게임처럼 게임의 상황을 완전히 알 수 없는 상황에서 의사결정을 해야 하는 게임에서는 불확실성을 고려하는 기대효용 최대화 전략을 쓸 수밖에 없다.

사람의 지식을 이용하는 인공지능

인공지능은 컴퓨터가 의사결정과 문제 해결에서 사용할 수 있도록 기술과 일상 개념의 의미를 포착하려고 한다.

— 존 폭스

문제 해결의 열쇠, 경험적 지식

전문가 시스템의 성공 비결은 문제 해결을 위한 전문가의 지식을 이용하는 것이다. 전문가의 지식은 통상적으로 형식지formal Knowledge와 경험적 지식(혹은 비형식지)으로 구성된다. 형식지는 보통 교과서와 핸드북에 쓰인 이론과 공식 등을 말한다. 경험적 지식은 문제 해결에 지름길을 제공하는 실질적이고, 직관적이며, 개략적인 방법이다. 보통 경험이 많은 전문가는 형식지를 현장에 오랫동안 적용해온 과정에서 축적한, 자신만의 독특한, 그러면서 매우 효과

문제해결의 열쇠

적인 해결책을 가지고 있다. 전문가 시스템은 이러한 전문가의 경험적 지식을 활용한다.

지식과 의사결정 방법의 분리

인공지능을 개발한다는 것은 알고리즘을 만드는 것이다. 컴퓨터 발명 이후 80여 년간 여러 방법이 시도되었다. 인공지능은 여전히 인간이 전수해준 지식을 가장 많이 이용하고 있다.

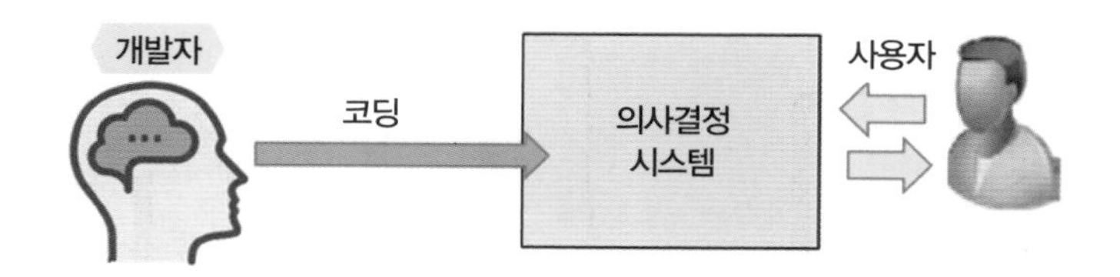

개발자가 코딩하여 지식을 컴퓨터에 전달

사람은 두 가지 방법으로 지식을 전수한다. 하나는 컴퓨터가 이해할 수 있는 언어로 개발자가 지식을 표현하여 이식하는 방법이다. 이 작업은 소프트웨어 개발자라는 전문가가 수행한다.

다른 방법은 지식 기반 기법을 사용하는 것이다. 전문가가 지식 기반을 만들면 컴퓨터가 이를 바탕으로 추론이나 검색을 통해 의사결정한다. 일반적으로 분야 전문가는 소프트웨어 개발자가 아니기 때문에 자신의 지식을 작동 가능한 소프트웨어로 만들 능력이 없다. 그래서 지식 기반 구축 업무만 담당한다. 한번 개발된 추론 엔진은 또 다른 영역의 지식 기반과 결합하여 다른 문제 해결에 활용될 수 있다.

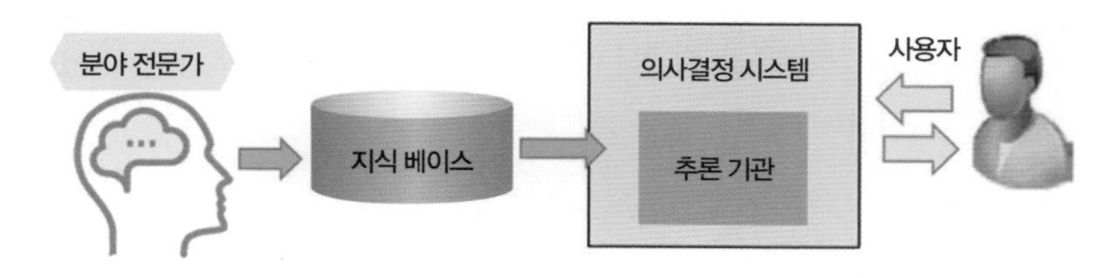

전문가의 지식을 표현하여 지식 기반을 만들면 컴퓨터가
이를 바탕으로 추론해 문제 해결

지식의 표현과 획득

지식 기반 형태의 인공지능 시스템은 주로 기호적 계산을 한다는 것이 특징이다. 기호적 계산이란 세상의 사물이나 개념을 상징적인 기호로 표시하고 그 기호들을 조작하거나 관계를 비교 분석함으로써 의사결정을 내리는 방법이다.

공학적 관점에서 가장 골치 아픈 것이 바로 지식 획득이다. 획득한 전문가의 지식을 컴퓨터에 표현하는 일 또한 많은 노력이 든다. 필요한 지식의 양이 많은 것도 문제이지만, 특정 지식은 전문가라 하더라도 쉽게 표현할 수 없는 경우가 있다. 특히 사람의 인지작용 과정에 관련해서는 기호적으로 표현하는 일은 아주 어려운 일이다.

전문가에게 지식의 틀을 제공하면 지식을 조금이나마 쉽게 표현할 수 있다. 조건에 따른 행위와 개념 간의 관계를 표현하는 것이 자주 쓰인다. 전자는 규칙기반Rule-based이고, 후자는 지식 그래프Knowledge Graph다. 인공지능 시스템에서 하나의 지식 표현 기법이 단독으로 쓰이는 예는 드물고, 보통 다양한 표현 방법들이 혼합된 형태로 나타난다.

규칙 기반

지식을 표현할 때 규칙 기반 방식은 조건과 반응의 규칙으로 나타낸다. 조건 부분은 이 규칙을 적용하기 위한 조건을 나열하고 반응 부분은 조건이 만족되었을 때 수행해야 할 행위를 서술한다. 이러한 표현 방식은 '열이 오르고 콧물이 나오면, 감기라고 단정 지어라' 등 판단형 지식을 표현하기에 적합하다.

여기에 '감기라면 아스피린을 처방해라'를 추가하면, '철수는 열이 오른다'와 '철수는 콧물이 나온다'라는 사실로부터 '철수는 감기다'라는 사실은 물론 '철수에게 아스피린을 처방해라'라는 새로운 사실을 이끌어낼 수 있다. 새로운 사실을 알아내는 것을 추론이라고 한다. 이는 시스템의 추론 엔진이 자동으로 수행하는 과정이다.

추론은 순방향 또는 역방향으로 진행된다. 순방향 추론에서는 주어진 사실에 부합하는 조건의 규칙을 찾아서 반응을 만든다. 역방향 추론은 말 그대로 정해진 목표의 증거를 찾을 수 있는지 역방향으로 확인하는 것이다.

규칙 기반 기법으로 우리들이 일상적으로 사용하고 있는 여러 가지 문제 해결 기법을 시도하게 할 수 있다. 즉 커다란 문제는 여러 개의 작은 문제로 나누거나, 여러 가설을 세우고 그 가설을 순차적으로 검증을 하는 등의 문제해결 기법을 적용할 수 있다.

지식 그래프

지식 그래프는 세상의 지식을 표현한 지식 기반이다. 실세계의 물체와 사건 또는 추상 개념 등을 그래프 형태로 표현한 것이다. 노드는 세상에 존재하는 개념을 의미하고 연결선은 노드 간의 관계를 표현한 것이다.

개념은 속성과 그 속성값을 갖는다. 예를 들어, '도시'라는 개념은 '인구'라는 속성을 갖고 '서울'이라는 '도시'의 '인구' 속성은 '1천만'이라는 값을 갖는다. 연결선에는 관계의 의미를 표현하는 명칭이 붙는다. 이를 통하여 계층적 구조, 인과 관계 등 세상의 모든 관계를 표현할 수 있다.

민수의 지식 그래프를 보면 민수의 친구는 철수이며, 활 쏘는 장

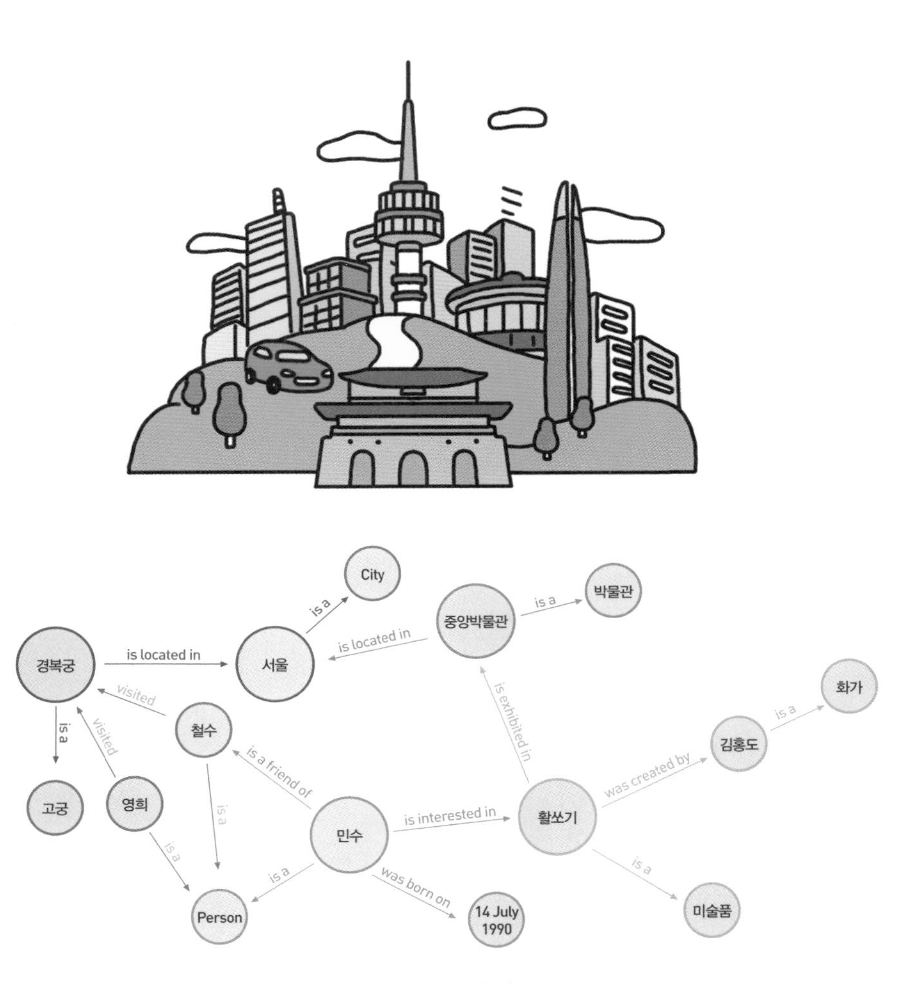

민수 지식그래프의 한 예

트리플 | 트리플Triple이란 지식의 기본 단위로서 주체, 술어, 객체의 순서적 집합이다. 즉 '주체, 술어, 객체'로 표현한다. 예를 들자면, '경복궁 is-located-in 서울'이 트리플이고, 이는 '경복궁은 서울에 있다'라는 지식을 표현한 것이다.

면의 미술품에 관심이 많고, 1990년에 태어났다는 것 등 여러 가지 정보를 알 수 있다.

지식 그래프는 주체, 술어, 객체의 순서로 표현된 지식의 기본 단위인 트리플의 집합이다. 질의응답 시스템은 지식그래프에서 정보를 찾거나 찾은 정보를 가지고 추론하여 대답한다. 한번 구축한 대용량 지식 그래프는 재사용할 수 있다.

인공지능 시스템의 성능은 보관된 지식의 양과 질에 따라 결정된다. 따라서 인공지능 시스템에 많은 양의 지식을 저장하려 한다.

지식 처리형 시스템의 성공 사례

지질학자들은 미국 워싱턴주에 몰리브덴 광맥이 있을 것이라고 오래전부터 믿고 여러 번 시추했음에도 정확한 위치를 찾을 수가 없었다. 그러다 1970년대 중반, 프로스펙토라는 전문가 시스템을 이용해 광맥의 정확한 위치를 찾을 수 있었다. 이 시스템은 지질학 전문가들의 지식과 추론 과정을 컴퓨터화한 것이다.

거의 같은 시기에 의사의 항생제 처방을 도와주는 마이신이란 프로그램도 개발되었다. 이 프로그램은 심각한 감염을 일으키는 박테리아를 식별하고 항생제를 처방하는 의학 전문지식을 규칙으

광맥을 찾은 인공지능

로 표현했다. 이런 전문가 시스템들은 전문가를 대체한다는 의미보다는 전문가의 의사결정을 돕는 목적으로 사용되었다. 지식 처리형 시스템의 가장 극적인 성공 사례는 1부에서 잠깐 언급했던 〈제퍼디!〉가 퀴즈쇼에서 승리한 사건이라고 할 수 있다.

공상과학 영화에 나오는 전지전능한 지능형 동반자는 인간의 지식을 망라하는 강력한 지식 기반을 요구할 것이다. 이런 수준의 지식 처리가 현재 방식의 지식그래프와 규칙 기반 시스템으로 가능할지는 아직 미지수이다. 하지만 전지전능한 지능형 동반자는 어떤 수단과 방법을 동원해서라도 인간이 쌓아온 지식은 꼭 활용해야 할 것이다.

스스로 배우는 기계 학습

지난 250년 동안 경제 성장의 근본적인 동력은 기술 혁신이었다.
이 중 가장 중요한 것은 증기기관, 전기, 내연기관 등으로 경제학자들이
범용 기술이라고 부르는 것이었다. 이 시대의 가장 중요한 범용 기술은
인공지능, 특히 기계 학습이다.

— 에릭 브린욜프슨 & 앤드루 맥아피

기계 학습이란?

일반적으로 학습이라는 단어가 갖는 의미는 경험을 쌓음으로써 행동이 변화하고 발전하는 것을 말한다. 그러나 인공지능에서 이야기하는 기계 학습Machine Learning은 '성능이 향상되는 컴퓨터 알고리즘에 관한 연구'를 총칭한다. 기계 학습 능력을 갖춘 컴퓨터는 개발자가 명시적으로 프로그래밍하지 않아도, 외부 환경의 관찰과 경험으로 스스로 능력을 향상시킨다.

학습 능력은 지능적 에이전트가 가져야 할 필수적 요구 사항이

다. 학습이 가능한 에이전트는 외부 환경과 상호작용하면서 성능을 높여간다. 센서로 얻은 외부 환경 정보를 자신의 행동을 결정하는 데에 사용함은 물론 자신의 의사결정 방법을 개선하는 데에도 사용한다.

즉, 관찰을 통해 학습하는 능력을 갖추고 있다. 학습 방법에는 경험의 단순한 저장으로부터 오묘한 과학적 이론의 창조에 이르기까지 다양한 수준이 존재한다.

알고리즘을 만드는 알고리즘

컴퓨터를 이용하여 문제를 해결하려면 알고리즘을 만들고, 이를 다시 프로그래밍하여 컴퓨터에 이식해야 한다. 지금까지 이 작업은 소프트웨어 개발자들이 해왔다. 기계 학습은 소프트웨어 개발자가 아닌 학습 알고리즘이 컴퓨터 프로그램을 만드는 것으로 이해할 수 있다. 즉 알고리즘을 만드는 알고리즘이 기계 학습 알고리즘으로 소프트웨어 개발자의 업무가 자동화되는 것이다.

기계 학습 알고리즘으로 훈련 데이터를 표현하는 수학적 모델을 구축하고 이를 이용하여 의사결정 알고리즘을 만든다. 이론적으로는 작동 원리를 이해하지 못하거나 프로그래밍할 수 없을 정도로

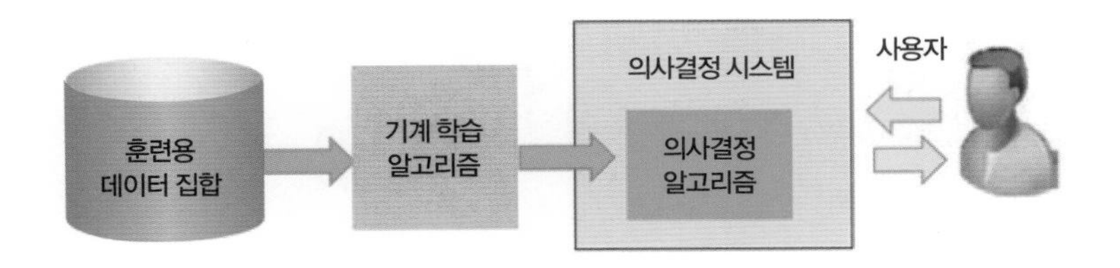

기계 학습 알고리즘은 훈련용 데이터를 학습하여
의사결정 알고리즘을 구축한다.

복잡한 작업도 훈련 데이터만 있으면 컴퓨터에 시킬 수 있다는 것을 의미한다.

훈련용 데이터를 학습하여 의사결정 알고리즘을 구축하는 사례는 컴퓨터 비전 시스템 개발에서도 볼 수 있다. 아직 인간의 시각적 인지 작용 메커니즘은 구체적으로 잘 알려지지 않았다. 따라서 개발자는 시각 기능을 알고리즘화할 수가 없었다. 그러나 이제는 기계 학습 알고리즘을 이용하여 시각 인식 알고리즘을 만들 수 있다. 사진 속 물체를 인식하거나 사진 상황을 언어로 설명하는 등의 업무에서 기계 학습으로 만들어진 알고리즘들이 우수한 성과를 보이고 있다.

동일한 기계 학습 알고리즘을 다른 훈련용 데이터집합에 적용함으로써 다른 목적의 알고리즘을 만들어낼 수 있다. 예를 들어, 같은 기계 학습 알고리즘을 사용하여 물체 인식 시스템을 만들기도 하고, 얼굴 인식 시스템을 만들기도 한다. 각각 다른 훈련 데이터집합을 제공함으로써 가능하다. 심지어는 성격이 매우 다른 알고리즘도 같은 기계 학습 알고리즘으로 만들 수 있다. 스팸메일을 걸러주는 시스템이나, 주식 시장에서 특이 사항을 알려주는 알고리즘도 인공 신경망 기법으로 만들었다. 물론 모델 구조와 하이퍼파리미터(초매개변수)의 조정이 필요하다.

모델과 모델링, 기계 학습과의 관계

모델model이란 현실 세계의 사물이나 사건의 본질적인 구조를 나타내는 모형이다. 현실 세계의 복잡한 현상을 추상화하고 단순화하여 모델로 표현한다. 모델은 물리적 표현일 수도 있고 자연어 문장, 컴퓨터 프로그램, 수학 방정식처럼 기호적일 수도 있다.

모델을 만드는 작업을 모델링이라고 한다. 모델을 이용하여 관계자끼리 소통하거나, 수학 계산을 적용하여 해결책을 도출한다.

하이퍼파리미터(초매개변수) | 기계 학습machine learning을 할 때 더 효과가 좋아지도록 하는 주 변수가 아닌 자동 설정되는 변수를 의미한다.

추상화하고 단순화하여 모델을 만듦

그렇게 하기 위하여 문제 풀이에 필요한 것만 추상적으로 표현하고, 적절한 수준으로 단순화시키는 것이 필요하다. 단순화를 적게 하면 복잡해서 수학적으로 해결할 수가 없게 되고, 반대로 지나치게 단순화시키면 해결한 문제가 현실과는 동떨어져서 효용성이 없다. 따라서 가급적 현실을 제대로 표현하면서도 문제 해결이 가능하도록 복잡도를 낮추는 것이 필요하다.

기계 학습의 또 다른 의미는 훈련데이터 집합을 잘 표현하는 모델을 만드는 작업이다. 즉, 모델의 틀을 설정하고 훈련데이터 집합을 잘 표현하는 파라미터(매개변수)값을 구하는 작업이다. 기계 학습에서 특히 관심을 가지는 것은 입력과 출력 간 함수 관계의 모델이다. 전통적인 기계 학습 기법에서는 모델의 틀로서 수식을 주로 사용했다.

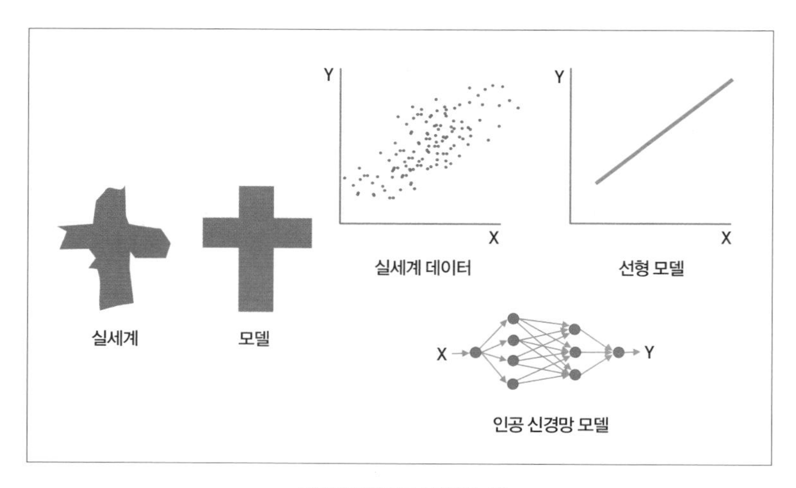

실세계 데이터를 표현한 모델

인공 신경망 기법에서는 노드와 연결선으로 구성된 망구조를 모델의 틀로 사용한다. 주어진 망 구조에서 훈련데이터 집합을 가장 잘 표현하는 파라미터 값을 구하는 것이 모델링이다. 단순한 수식을 사용하는 것보다 훨씬 표현력이 좋다. 그래서 요즘은 다양한 문제를 인공 신경망을 이용해 해결하려고 한다. 과거에는 망 구조를 개발자의 경험과 직관으로 미리 설정하는 것이 일반적이었으나 요즘은 적합한 망 구조를 찾는 과정도 자동화되었다.

모델이 만들어지면 입력을 변화시켜가면서 출력의 변화를 관찰할 수 있다. 이를 모의실험simulation이라고 한다. 모의실험을 통해서

입력을 변화시켜가면서 출력의 변화를 관찰하는 모의실험

복잡한 현실의 현상을 이해하고자 한다. 대표적인 컴퓨터 모의실험 모델로는 온라인 게임이 있다. 다양하고 복잡한 상황 분석을 위해서는 수천만 라인의 소스 코드가 필요하다.

기계 학습 알고리즘의 분류

기계 학습 알고리즘은 일반적으로 지도 학습, 비지도 학습, 강화 학습 등으로 분류된다. 이 분류는 데이터에 포함된 정보와 그 정보의 사용 방법에 따른 것이다.

지도 학습은 입력과 원하는 출력의 쌍이 모두 주어진 상태에서 학습하는 방법이다. 학습 후에는 새로운 입력에 해당하는 출력을 예측하는 데 사용한다. 비지도 학습은 입력에 해당하는 바람직한 출력의 정보는 주어지지 않는다. 유사성을 기준으로 입력 집합을 군집화한다. 강화 학습은 성공과 실패의 정보로부터 바람직한 행동 패턴을 스스로 학습한다.

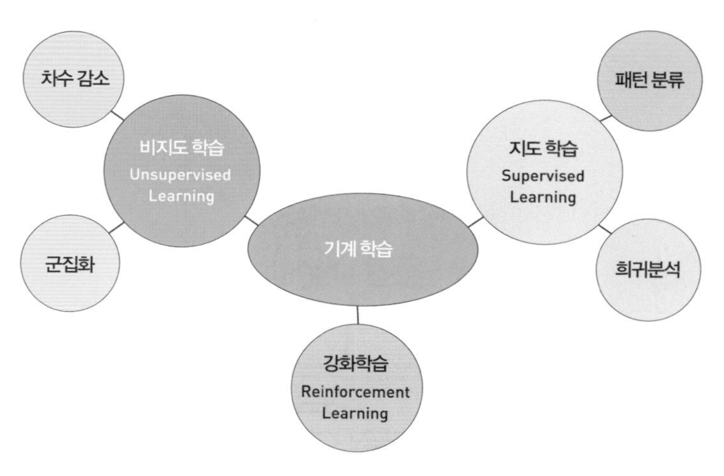

기계 학습 알고리즘의 분류

지도 학습

지도 학습은 입력과 출력 간의 관계를 학습하는 데 사용된다. 입력과 그에 해당하는 출력이 쌍으로 주어진 훈련 데이터 집합에서 입력과 출력 간의 함수관계를 배운다. 이렇게 얻어진 함수를 모델이라고 한다. 모델은 새로운 입력에 해당하는 출력을 예측하는 데 사용한다. 지도 학습으로 수행하는 대표적인 문제는 패턴 분류와 회귀분석이 있다.

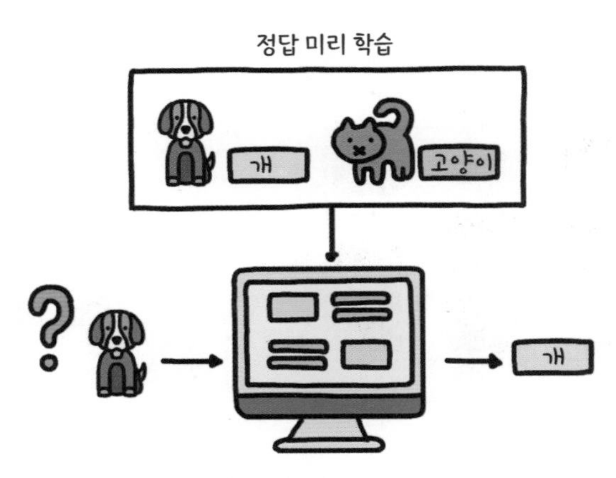

입력과 출력 간의 관계를 학습하는 지도 학습

패턴 분류 문제

개와 고양이 사진을 구분하는 패턴 분류 문제를 생각해보자. 지도 학습의 훈련에는 정확하게 개, 혹은 고양이라는 범주, 즉 라벨이 주어진 사진의 데이터 집합이 사용된다. 라벨이 주어진 데이터 집합으로 개와 고양이의 모양을 구분하는 알고리즘을 만드는 것이 기계 학습의 목적이다.

전통적인 패턴 분류 기계 학습 방법론에서는 시스템 개발자가 분류에 사용할 특성을 지정해주었다. 그러면 기계 학습 알고리즘이

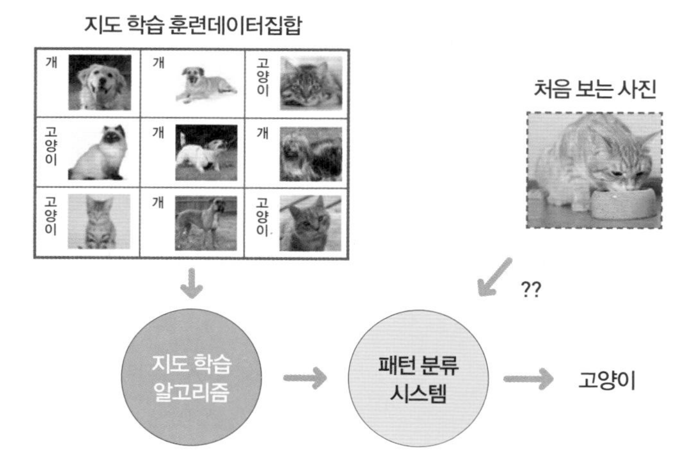

이미지와 라벨의 쌍으로 구성된 훈련용 데이터집합으로
개와 고양이를 식별하는 시스템을 지도 학습으로 만들 수 있다.

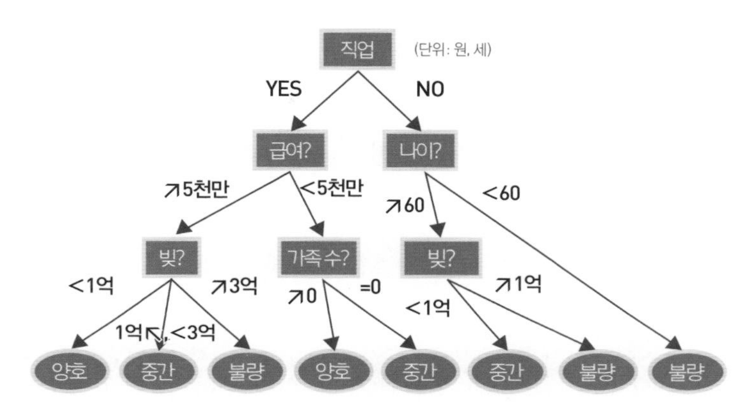

직업, 급여, 나이, 가족수, 빚 등의 항목으로 신용도를
평가하기 위한 의사결정트리

훈련 데이터를 이용하여 범주를 나누는 특성의 경계값을 찾았다.

그러나 인공 신경망에서는 패턴 분류에 사용할 특성과 그 경계값을 학습 알고리즘이 스스로 찾는다. 그런 의미에서 인공 신경망 학습은 패턴 분류 알고리즘을 시작부터 끝까지 자동으로 만드는 능력이 있다고 할 수 있다. 이런 능력이 인공 신경망 기법의 가장 두드러진 장점이라고 할 수 있다.

지도 학습을 완료한 시스템은 처음 보는 사진이더라도 개와 고양이를 구분할 수 있을 것이다. 즉, 지도 학습으로 개와 고양이를 식별하는 알고리즘이 만들어진 것이다.

의사결정트리Decision Tree는 패턴 분류 전략을 표현하는 단순 간결한 도구다. 의사결정과 그 결정의 결과로 발생하는 사건, 비용, 효과 등을 표현한다. 직관적이고 간단해서 전략 계획 등에 많이 사용된다. 의사결정트리는 지도 학습으로 쉽게 구축할 수 있다.

회귀분석 문제

회귀분석Regression Analysis은 입력과 출력이 연속형 숫자로 주어졌을 때 이들의 함수 관계를 학습하는 문제다. 우리가 알기 쉬운 가장 간단한 회귀분석 문제는 데이터 집합을 잘 표현해내는 직선을 찾는 선형 회귀분석이다.

지도 학습으로 훈련시켜서 모델을 구축하면 이를 이용하여 새로운 입력에 해당하는 출력값을 추론할 수 있다. 시간에 따라 변화하는 시계열 데이터로 미래를 예측하는 것도 가능하다.

철수의 5세, 7세, 13세, 18세 때의 키 데이터가 있다.
10세 때의 키는?

예를 들어 확보한 철수의 나이별 키를 하나의 선으로 나타낼 수 있는데, 그 선을 통해 철수의 10세 때 키를 예상할 수 있다. 즉, 나이와 키의 함수관계를 나타내는 선을 구하는 것이 핵심이다.

비지도 학습

비지도 학습은 명시적으로 입력에 해당하는 바람직한 출력 정보가 주어지지 않은 상황에서 데이터의 특성을 학습하는 방법이다. 학생이 가르쳐주는 선생님 없이 스스로 배워야 하는 상황과 같다. 비지도 학습은 데이터 집합에서 숨겨진 패턴을 배우게 된다. 즉 비지도 학습은 유사성을 판단하여 개와 고양이를 구분하는 알고리즘을 만드는 것이다.

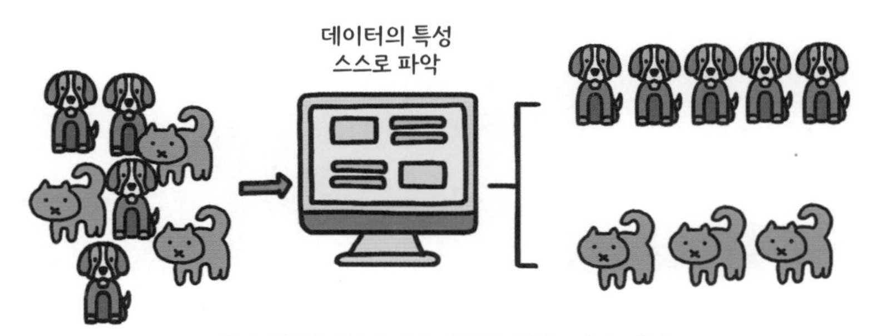

데이터 집합에서 숨겨진 패턴을 배우는 비지도학습

군집화 문제

군집화는 훈련용 데이터 집합에서 서로 유사한 것들을 스스로 묶어서 군집을 형성하는 작업이다. 군집화를 위해서는 유사성의 판단 기준을 미리 정해 놓아야 한다. 유사성은 데이터 간의 '거리'

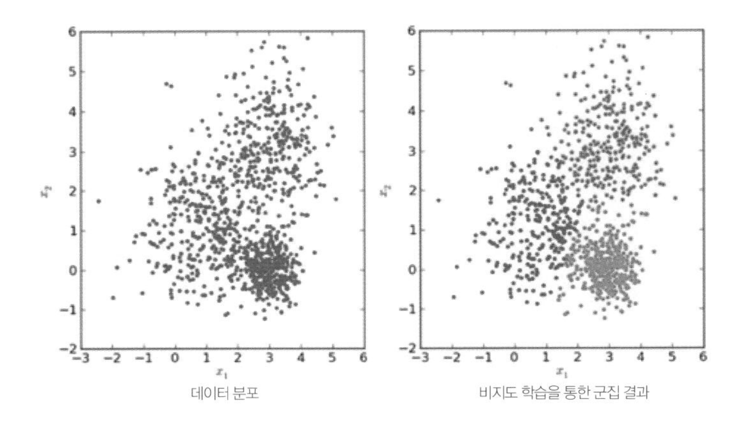

비지도 학습은 훈련용 데이터 집합으로 군집화를 수행한다.

를 가지고 판단할 수 있지만 '거리'라는 개념은 공간 개념과 같이 다양할 수 있다.

군집화 알고리즘들의 기본 아이디어는 같은 군집에 속한 데이터와의 거리는 최소로 줄이고, 다른 군집에 있는 데이터와의 거리는 최대로 늘리는 것을 목표로 군집의 소속을 바꿔가면서 최적의 구성을 찾는 것이다.

지도 학습을 위한 훈련데이터 집합의 구축에는 많은 비용과 노력이 소요된다. 반면 비지도 학습은 이런 노력이 필요 없기 때문에 매력적이다.

차원 감소 문제

데이터의 차원이란 데이터 표현에 사용된 특성의 개수를 뜻한다. 너무 많은 수의 특성으로 데이터를 표현하면 그 데이터가 갖는 깊은 의미를 나타내지 못하는 경우가 많다. 꼭 필요한 특성만으로 데이터를 표현해야 데이터가 갖는 깊은 의미를 표현할 수 있고, 계산도 간편하게 할 수 있다. 그래서 적은 수의 중요한 특성으로 데이터를 표현하기 위해 차원 축소라는 작업을 한다. 변환 과정에서 정보를 잃어버리긴 하지만 데이터의 중요한 특성은 유지되고 데이터 분별이 쉬워질 것을 기대한다.

강화 학습

강화 학습은 바람직한 행동 패턴을 학습하는 알고리즘이다. 강화 학습의 환경은 에이전트가 처할 수 있는 상태, 각 상태에서 선택할 수 있는 행동, 행동에 따른 상태의 변화, 그리고 보상으로 정의된다.

강화 학습이란 매 상태에서 취할 수 있는 행동에 따른 누적 보상의 기댓값을 최대로 하는 행동 패턴을 배우는 것이다. 한 상태의 누적 보상 기댓값 계산에는 이 상태에서 출발한 모든 궤적을 고려

시행착오를 거치면서 바람직한 행동 패턴을 학습

해야 하는데 궤적의 수는 매우 많은 것이 일반적이다. 보상은 현재의 상태와 행동에 의하여 즉시 얻을 수 있는 이득으로 표현되지만 지능형 에이전트는 누적 보상을 최대화하는 행동 패턴을 학습해야 한다.

강화 학습은 입출력 쌍으로 이루어진 훈련데이터 집합이 제시되지 않는다는 점에서 지도 학습과 다르고, 훈련데이터가 전혀 없는 것이 아니라 상황 종료 시에 종합적으로 주어진다는 점에서 비지도 학습과도 다르다.

지연되는 보상

행위를 했을 때 모든 보상이 즉각 일어난다면 문제는 쉽다. 그러나 세상의 많은 문제는 지금 행동을 하면 한참 후에 사건이 일어나고, 그 사건의 결과에 의하여 보상이 결정된다.

대부분의 경우, 같은 값이라면 지금 당장 얻는 보상을 미래의 보상보다 더 선호할 것이다. 일련의 행동을 취했을 때 최종적 보상은 종합적으로 결정되므로 개개의 행동에 대한 영향은 파악하기 어렵다. 더구나 행동을 취했을 때 발생하는 상황과 보상에 불확실성이 있다면 의사결정은 더욱 어려워질 것이다.

문제를 해결하기 위해 적절한 가정을 도입하여 문제를 단순화하는 것이 일반적이다. 강화 학습이란 불확실성 아래에서 매 상태 누적 보상이 예상되는 기댓값을 배우는 것이다. 한 상태의 누적 보상 기댓값을 계산하려면 그 상태에서 출발한 모든 궤적을 고려해야 하는데 분기점마다 모든 경우의 수를 따져봐야 하므로 궤적의 수가 기하급수적으로 증가한다. 궤적의 수가 많아지면 복잡도가 높은 것이 일반적이다.

기회 탐색과 투자의 조화

선택 가능한 행동에는 기회 탐색을 위한 투자도 포함된다. 좋은 결정을 하기 위해서는 새로운 기회 탐색에도 투자해야 한다. 기회

기회 탐색과 투자의 조화가 필요하다.

탐색은 미래에 더 나은 의사결정을 이끌어낼 수 있지만, 불확실성이 존재한다는 것을 유념해야 한다.

기회 탐색과 투자의 조화와 관련한 다음의 예를 참고하면 이해가 빠르다. 여러분 앞에 보상 확률을 모르는 두 개의 슬롯머신이 있다고 가정해보자. 가지고 있는 코인으로 최대의 이익을 얻는 전략은 무엇일까?

합리적 행동은 이 중 일부의 코인을 사용하여 각 기계의 보상 확률을 알아보고 더 좋은 기계에 남은 코인을 모두 투자하는 것이다. 그런데 확률 탐색은 많은 코인을 사용할수록 정확하다. 확률 탐색에 코인을 많이 쓰면 좋은 기계를 찾을 확률은 높지만 투자할 코인이 적어진다. 반대로 확률 탐색에 코인을 적게 쓰면 좋은 기계를 찾을 확률이 낮아지고, 나쁜 기계에 투자할 가능성이 크다.

그렇다면 기회의 탐색과 투자의 균형은 어떻게 조화를 이루어야 하는가? 이익 창출을 위한 직접적인 투자와 기회 탐색을 위한 투자 간의 조화를 이루어야 좋은 성과를 낼 수 있다. 물론 그 전략의 수립은 어려운 문제이다. 모든 기업들이 이런 문제로 고민하고 있다.

강화 학습은 고도의 제어 기술이라고 할 수 있다. 순간순간 반응을 보여야 하는 컴퓨터 게임에서 좋은 성과를 내고 있다. 바둑 인공지능 프로그램 알파고도 통계적 방법의 강화 학습을 사용하여 매번 놓을 수의 승리 기댓값을 계산하고 기댓값이 높은 곳에 바둑돌을 놓았다.

선택 가능한 행동 중에서 가장 좋은 의사결정을 이끌어 내는 데 강화 학습이 이용되고 있다. 강화학습이 자율주행차의 조정, 로봇 제어, 화학 반응 설계 등의 문제에서 사람을 능가하는 성과를 보여 주고 있다.

기계 학습의 작업 과정

기계 학습을 한다는 것은 기계 학습 알고리즘을 사용하여 훈련 데이터 집합을 잘 표현하는 모델을 구하는 것이다. 이때 모델의 틀

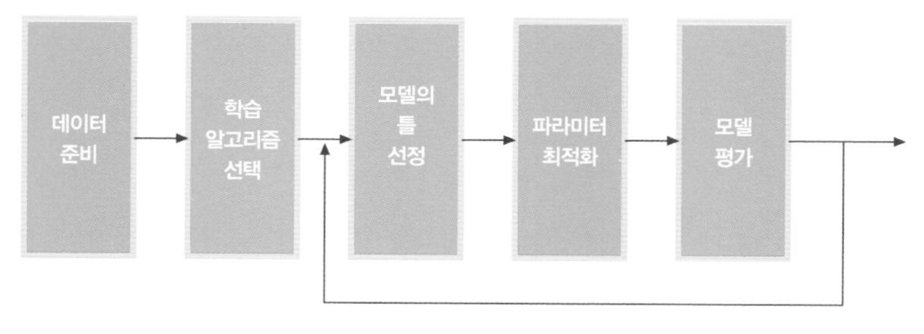

기계 학습의 작업 과정

을 미리 설정한 후에 최적의 파라미터값을 구하는 것이 학습과정의 핵심이다. 기계 학습의 작업과정은 다음과 같다.

훈련데이터 준비는 처음 해야 할 작업으로 많은 노력이 소요된다. 특히 지도 학습을 위한 데이터는 라벨을 모두 붙여야 하므로 많은 수작업이 필요하다.

다음으로 해결하고자 하는 문제의 유형에 따라 적절한 기계 학습 알고리즘을 선택해야 한다. 알고리즘에 따라 학습 결과의 성능과 요구되는 계산량의 차이가 크다. 따라서 알고리즘의 본질과 장단점을 잘 이해하는 것이 중요하다.

학습 알고리즘을 결정했으면 모델의 틀을 결정해야 한다. 모델의 틀은 학습 알고리즘을 정하고 나면 선택의 여지가 좁아진다. 전통적인 방법에서는 패턴 분류의 경계선 형태는 '어떤 것으로 할 것인가'가 모델의 틀이다. 경계선은 직선으로 할지, 2차 곡선으로 할

지를 결정한다. 회귀분석에서는 모델의 틀을 직선으로 할지 혹은 2차 다항식으로 할지 등을 결정해야 한다.

인공 신경망 기법을 사용하겠다고 결정했으면 망 구조를 결정해야 한다. 입출력층의 노드 개수는 문제의 성격이 정해주겠지만 은닉층의 구조는 선택의 여지가 많다. 순환 경로를 둘 것인지, 계층적으로 구성할 것인지 등 망 구조가 인공 신경망의 기능과 성능을 좌우한다. 때에 따라서는 데이터의 양에 따라 연결선, 즉 신경망의 변수(파라미터)의 수를 제한하는 것이 바람직할 수도 있다. 그래야 새로운 입력에 잘 작동한다. 이런 문제를 일반화 문제라고 하는데 다음 장에서 다룰 것이다.

모델의 틀, 즉 구조가 결정되면 최적의 파라미터를 탐색하는 작업을 수행한다. 이 작업이 바로 최적의 모델을 선정하는 작업이다. 이 과정은 컴퓨터가 수행하는데 많은 컴퓨팅 자원이 소요된다. 훈련의 속도와 성능을 결정하는 여러 가지 조절 가능한 변수(이를 하이퍼파라미터, 혹은 초매개변수라고 함)가 있는데 그 초매개변수들의 성격을 잘 이해하고 결정해야 한다. 이것저것 시도해보고 결정하는 것이 일반적이다.

마지막 작업으로 기계 학습의 학습 결과인 모델의 성능 평가가 있다. 평가의 핵심은 새로운 데이터에 얼마나 잘 작동하는가를 보는 것으로 훈련데이터와는 별도로 평가용 데이터집합을 준비한다.

평가에서 부족함이 발견되면 모델의 틀을 변경하거나 초매개변숫값을 변경해 가면서 좋은 모델 찾기를 반복한다.

일반화 능력

우리는 기계 학습의 훈련 결과로 '좋은' 모델이 학습되었기를 기대한다. 여기서 '좋은'의 의미는 다양하게 해석될 수 있다. 첫째, 능력이 광범위하다는 의미이다. 둘째, 얻어진 모델이 간단하고 표현하기도 좋으며 적은 계산으로도 답을 구할 수 있다는 것이다. 학습된 모델이 새로운 입력 데이터에 대해 '합리적인' 출력값을 생성하길 기대하는데, 이를 일반화 능력이라고 한다. 일반화 능력이 부족한 모델은 학습에 사용한 입력에는 옳은 값을 도출하지만 처음 보는 입력은 엉뚱한 결과를 낸다. 일반화 능력이 우수한 모델은 새로운 환경에서도 합리적 성능을 낼 가능성이 크다. 기계학습을 시도할 때는 학습된 모델이 일반화 능력이 우수하도록 여러 가지 노력을 해야 한다. 일반화 능력이 우수한 모델을 쉽게 구할 수 있는 기계학습 알고리즘이 좋은 알고리즘이다.

훌륭한 과학 이론일수록 간단하면서도 다양한 현상을 설명해준다. 그러나 가장 초보적인 학습방법인 훈련용 데이터를 모두 기억하는 것을 만들기는 쉽다. 데이터를 그대로 모두 기억하기 때문에 이미 보았던 문제의 답은 잘 찾을 수 있지만 처음 보는 문제를 조금만 변형해도 답을 찾아낼 수 없다. 또한 많은 기억 공간이 있어야 하는 약점도 있다. 실제 현실의 문제에서는 이러한 방법을 사용하기가 어렵다.

일반화 능력은 데이터가 결정

데이터로부터 새로운 지식을 도출하는 것이 기계 학습이다. 데이터 집합의 질과 양이 학습 결과의 성능을 결정한다. 학습 데이터의 종류가 다양할수록 다양한 지식을 추출하는 것은 당연하다. 최근 인공지능이 주목을 받고 여러 문제 해결에서 좋은 성능을 보여주는 것은 기계 학습 알고리즘의 발전과 더불어 대량의 학습용 데이터 획득과 저장이 용이해졌기 때문이다.

또한 모델의 일반화 능력이 훈련 데이터의 양에 의하여 결정된다. 모델의 파라미터의 수에 대비하여 데이터의 양이 많을수록 일반화를 잘하는 모델이 만들어진다.

너무 단순한 모델을 사용하면 훈련 데이터 집합이 가지고 있는 특성을 제대로 표현할 수 없다. 이런 경우를 과소적합되었다고 한

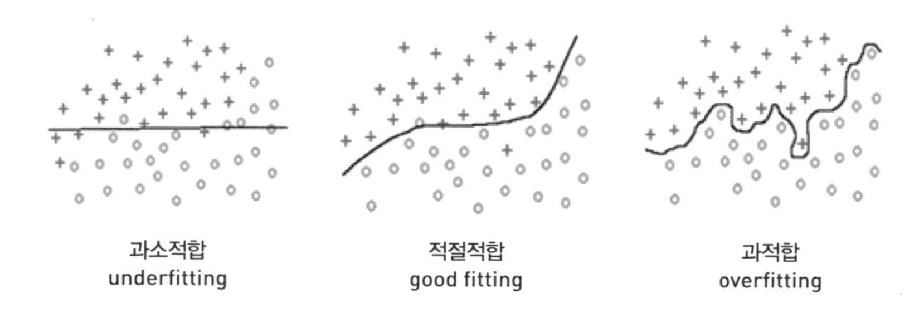

데이터 집합과 모델 간의 적절한 적합을 찾아야 한다.

다. 모델의 능력이 모자란다는 표현도 쓴다. 복잡한 문제는 해결할 수 없다. 반대로 너무 복잡한 모델을 쓰면 훈련데이터에는 잘 작동하지만 일반화 능력은 떨어질 수 있다. 이를 과적합되었다고 한다. 과적합을 피하려면 많은 양의 훈련 데이터가 필요하다.

여기서 다시 강조하는 것은 데이터의 중요성이다. 기계 학습의 성능은 데이터의 양과 질이 결정한다. 최근 딥러닝의 성공은 풍부해진 데이터 덕분이다. 센서, IOT, 클라우드, 인터넷의 발전으로 데이터를 쉽게 모을 수 있는 환경이 구축되었는데, 이것이 인공지능 발전에 큰 공헌을 했다.

과적합 | 과적합overfitting은 기계 학습machine learning에서 학습 데이터를 과하게 학습over fitting하는 것을 뜻한다.

훈련 결과의 평가

평가 지표는 정밀도와 재현율이라는 지표를 사용한다. 모델이 True라고 한 것 중에서 정말로 True인 비율을 정밀도라고 한다. 실제 True 중 모델이 True라고 판단한 사례의 비율은 재현율이라고 한다.

정밀도가 향상된다고 해서 재현율까지 높아지는 것은 아니다. 둘은 절충 관계에 있다. 정밀도를 높이기 위해 소극적으로 True라고 판단한다면 재현율이 낮아지는 현상이 생긴다. 결론적으로 정밀도와 재현율 모두 높은 것이 좋은 모델이다.

훈련된 모델이 일반화를 잘하는가를 평가하기 위해서는 모델의 훈련에 사용한 데이터는 평가에 사용하면 안 된다. 수집된 데이터를 훈련용과 평가용으로 나누어 사용하는 것이 일반적이다.

03

더욱 똑똑해지는 인공지능

인간 두뇌 작동 메커니즘, 인공 신경망

철학자들이 신경망에 관심을 두는 것은 그것이 마음의 본질과 두뇌와의 관계를 이해하는 새로운 틀을 제공할 수 있기 때문이다.

— 루멜하트 & 맥클렐랜드

생물학적 신경망

인간 두뇌는 컴퓨터이지만 디지털 컴퓨터와는 구조와 작동 방법이 많이 다르다. 인간의 두뇌에는 계산을 수행하는 약 1,000억 개의 신경 세포가 있다. 하나의 신경 세포는 약 1만 개의 신경세포들과 연결되어 있어서 두뇌에는 수백조 개의 연결점, 즉 스냅스가 있는 것으로 알려졌다.

신경 세포 하나하나의 정보 처리 속도는 디지털 컴퓨터보다 10만배 정도 느리다. 그렇지만 패턴인식과 행동제어 등의 반응은 컴

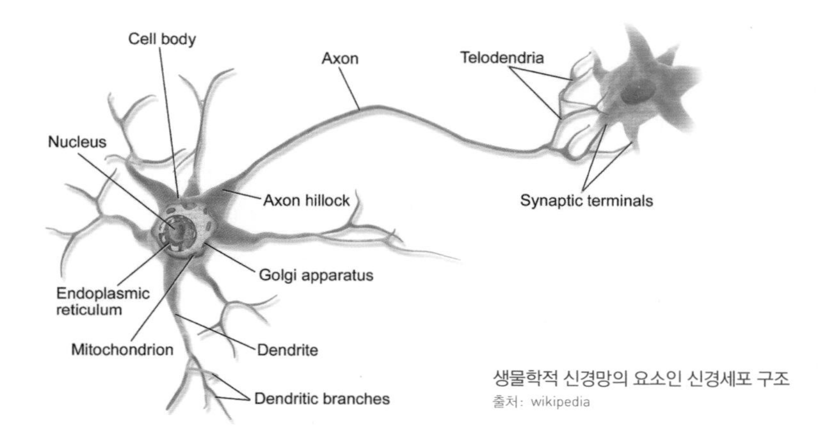

생물학적 신경망의 요소인 신경세포 구조
출처: wikipedia

퓨터보다 훨씬 빠르다. 많은 학자들은 그 능력이 연결과 병렬 처리에서 온다고 생각하고 있다. 사람의 신경망을 모방한 기법으로 인공지능을 구축하자는 연구 철학을 연결주의라고 한다.

사람의 뇌는 놀라울 정도로 적응력이 뛰어나다는 점을 가장 먼저 주목해야 한다. 외부 상황에 적응하여 심장 박동수를 조절하고, 단지 몇 음절에서 오래전에 들었던 노래를 기억하며, 완전히 새로운 언어를 습득할 수도 있다. 이러한 능력은 외부의 자극, 경험, 학습에 의해 우리의 뇌 신경망의 연결 구조가 재조직화돼 뇌의 기능이 변화하기 때문이다.

사람의 뇌는 외부 환경이 변했거나 새로운 기술을 습득하면 신경망의 연결 구조를 새로 구성한다. 이러한 신경망 재조직화는 생명체가 외부 환경이나 신체 변화에 적응하여 생존하는 방법이다.

인공 신경망의 구성

인공 신경망은 생물학적 신경망의 수학적 모델이다. 계산을 수행하는 노드가 있고, 노드와 노드 간의 신호를 전달하는 연결선으로 구성된다. 이 노드 중 일부는 입력을 받아들이고 다른 일부는 출력을 내보낸다. 따라서 전체 인공 신경망은 입력과 출력을 연결하는 함수라고 볼 수 있다. 단위 신경세포의 기능을 수학적으로 모형화하면 그림과 같다.

인공 신경망은 노드들을 연결한 망 구조를 갖고, 노드는 연결된 모든 노드로부터 입력값을 받는다. 연결선에는 그 연결선이 얼마나 중요한 것인지를 나타내는 가중치값이 붙어 있다. 연결선을 통해 들어오는 값을 가중해서 중요도에 따라 사용한다. 그리고 가중된 입력을 모두 더해서 활성화 함수에 입력한다. 활성화 함수의 출력값은 노드의 출력이고, 이 값은 이 노드와 연결된 모든 노드에 전달된다.

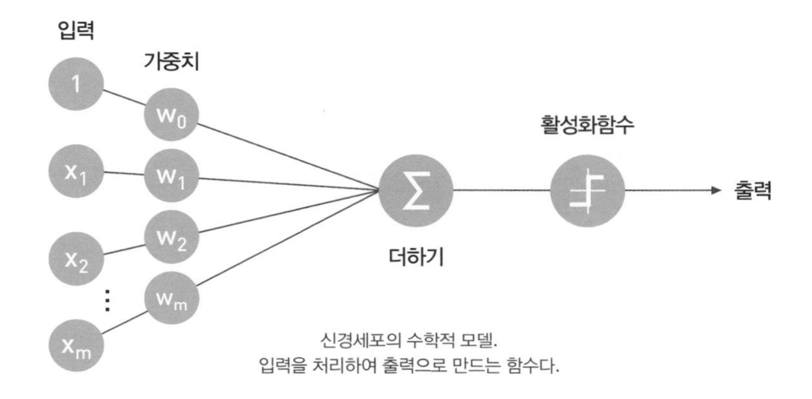

신경세포의 수학적 모델.
입력을 처리하여 출력으로 만드는 함수다.

각광받는 인공 신경망

인공 신경망 기법은 인간 두뇌와 신경세포의 작동 메커니즘에서 영감을 받아 만들어진 학습 및 의사결정을 하는 방법론이다. 특히 기계 학습의 범용 알고리즘으로 주목받고 있다. 지도 학습은 물론, 비지도 학습과 강화 학습에도 사용된다. 현재 인공지능에서 사용되는 여러 학습기법 중에서 가장 일반적이고 이해하기도 쉽다.

인공신경망으로는 어떠한 함수도 원하는 정밀도로 근접하게 모사할 수 있다. 또 병렬 컴퓨터로 구현하여 매우 빠르게 계산을 수행할 수도 있다. 이런 구현은 디지털 컴퓨터와는 다르게 노드나 연결선이 일부 파손되더라도 성능이 저하는 되지만 작동을 멈추지는 않는다.

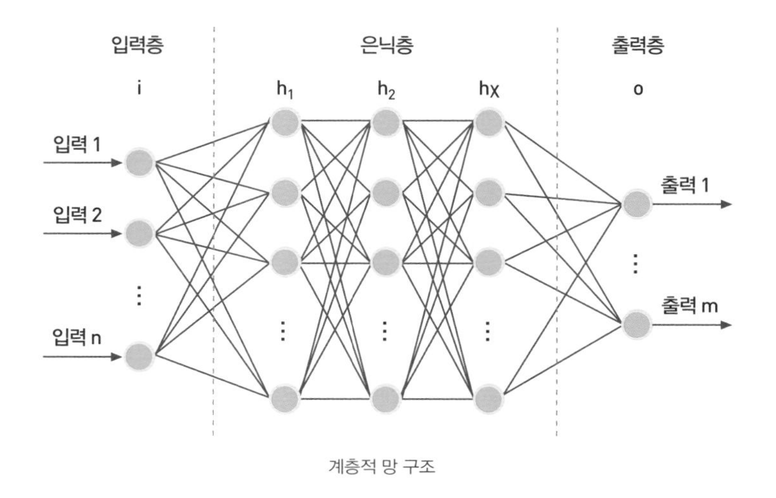

계층적 망 구조

앞으로는 세포가 소멸·성장하는 것과 같이 외부 자극에 의해 구조를 스스로 변화시키면서 진화하는 인공 신경망도 가능할 것이라 기대한다.

인공 신경망의 학습

인공 신경망은 대규모 병렬 처리 기법으로 구현한다. 인공 신경망은 입력과 출력 간의 매핑함수 역할을 한다. 인공 신경망에서의 학습이란 신경망이 원하는 함수의 기능을 하도록 변수, 즉 파라미터를 조정하는 것이다. 그런데 신경망에서 조정 가능한 변수는 연결선의 가중치밖에 없다. 변수의 개수가 너무나 많고 또 그 변수가 주어진 훈련데이터 집합 모두에게 옳은 결과를 내야 하므로 신경망은 조금만 복잡해져도 최적의 가중치를 구할 때 너무나 많은 계산이 필요하다. 앞서 보았던 점진적 급경사 탐색법이 변숫값 최적화의 유일한 대안일 수밖에 없다.

훈련데이터 집합을 잘 표현하는 신경망 모델을 구하는 지도 학습은 망의 구조를 미리 설정하고 착수한다. 탐색은 무작위로 설정된 가중치들로부터 시작한다. 급경사탐색법을 이용하여 망의 오류를 가장 많이 줄이는 방향으로 가중치들의 값을 수정하고 이를 반복한다.

망의 오류는 각 출력 노드에서 발생하는 바람직한 출력과 실제 출력 값 차이의 제곱을 평균화한 값, 즉 오류자승의 평균, 즉 MSE를 사용한다. 결국 인공 신경망에서의 학습이란 훈련데이터 집합에 대한 MSE 값을 최소로 만드는 가중치 집합을 찾는 일이다.

매핑 | 매핑은 여러 의미로 사용될 수 있다. 매핑(mapping)이란 하나의 값을 다른 값으로 대응시키는 것을 말한다.

은닉층의 역할

고층 신경망은 여러 개의 은닉층을 가지고 있다. 각 은닉층의 역할은 그 층에 입력되는 정보를 결합하여 특성을 추출하는 것이다. 은닉이란 명칭은 그 노드의 바람직한 출력값을 알 수 없기 때문이다. 신경망이 고층이라는 것은 의사결정에 있어서 여러 계층의 특성을 사용한다는 것을 의미한다.

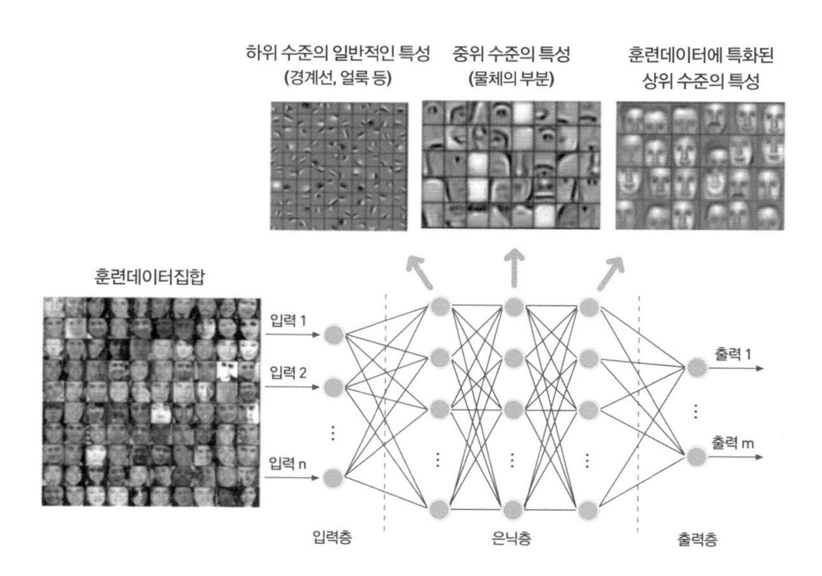

학습된 딥러닝 얼굴인식 신경망에서 각 은닉층이 추출하는 특성

고층 신경망의 경우 입력층에 가까운 은닉층에서는 단순하고 기본적인 하위 특성을 추출한다. 점점 상위 계층으로 올라갈수록 하위 계층을 통합하여 복잡한 특성을 추출한다. 은닉층의 노드가 많다는 것은 여러 가지 특성을 추출한다는 것을 뜻하고, 은닉층 수가 많다는 것은 점점 복잡한 특성을 사용한다는 의미이다.

인공 신경망으로 구축하는 개와 고양이 사진 분류기

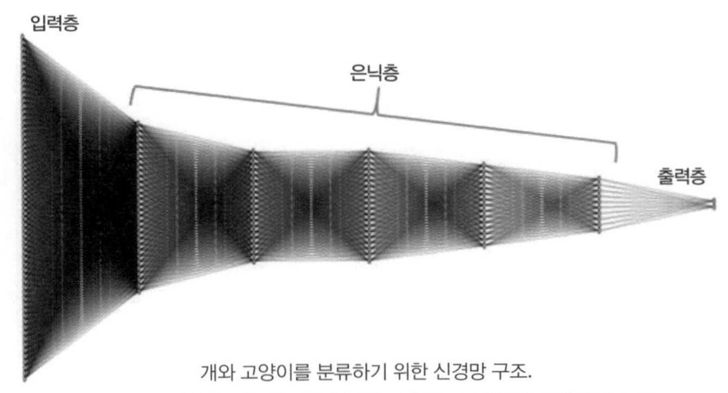

개와 고양이를 분류하기 위한 신경망 구조.
다섯 개의 은닉층을 갖는 완전히 연결된 계층구조로 300만 개의 입력 노드,
두 개의 출력 노드를 갖고 있다.

개와 고양이 사진을 분류하는 시스템을 신경망으로 구축해보려고 한다. 우선 훈련데이터는 '개', '고양이'가 있는 사진과 정확한 분류 값의 쌍이다. 개는 0, 고양이는 1이라고 하자. 출력값이 0에 가까

우면 '개', 1에 가까우면 '고양이'라고 해석하면 된다. 한편 컴퓨터에서 컬러 사진의 한 화소는 빨강색Red, 초록색Green, 파랑색Blue의 강도를 나타내는 3개의 숫자로 표현한다. 사진의 크기를 가로 1,000화소, 세로 1,000화소라고 할 때 필요한 노드는 3색 × 1,000화소 × 1,000화소 = 300만 개이다. 은닉층 수와 각 층의 은닉 노드 수는 임의로 만들 수 있다.

학습 잘하는 딥러닝의 등장

딥 러닝은 현재 인공지능에서
가장 두드러지고 널리 성공한 방법이다.
— 카메론 버크너

용어에 대해 몇 가지 확인해보자. 여러 층으로 구성된 신경망을 전통적으로 고층 신경망 혹은 다층 신경망이라고 지칭했다. 요즘 연구자들은 이를 심층 신경망Deep Network이라고도 한다. 신경망에서 학습 알고리즘은 기본적으로 오류역전파 알고리즘을 사용하는데 특히 고층 신경망 학습을 위한 시도를 딥러닝이라고 부른다.

딥러닝은 오류역전파 알고리즘으로 학습한다. 오류역전파 알고리즘은 훈련 데이터에 대한 오류함수의 값을 줄이는 방향으로 가중치를 수정하는 방법을 사용한다. 가중치를 수정하는 작업은 출력층에서 시작하여 입력층 방향으로 단계적으로 수행된다.

그런데 층수가 낮은 다층 신경망에서는 잘 작동하던 오류역전파 알고리즘이 층수가 높은 심층 신경망에서는 잘 작동하지 않는다. 그 이유는 기울기 계산에서 계층이 깊어질 때 경로상에 노드가 여러 개 있으면 기울기를 여러 번 곱해야 하는데 그 결과는 0이거나 0에 가까운 값이 된다. 따라서 가중치 수정값도 0이거나 0에 가까운 작은 값이 된다. 결국 가중치는 수정이 거의 일어나지 않아서 학습 속도가 극도로 느려진다. 심지어 학습이 이루어지지 않기도 한다.

딥러닝에서 오류역전파 알고리즘은 난관을 극복하기 위한 여러 아이디어, 즉 묘수의 집합이라고 할 수 있다. 이 묘수 덕분에 심층 신경망을 학습시킬 수 있게 되었다. 딥러닝 오류역전파 알고리즘의 묘수들은 몇 개의 범주로 나누어 볼 수 있다.

첫째, 은닉 노드의 가중치 수정을 가속하는 방법, 둘째, 급경사탐색에서 좋은 시작점을 선정하는 방법, 셋째, 일반화 능력을 떨어뜨리는 과적합을 막기 위한 조치, 넷째, 도메인 특성을 감안한 망구조의 설계 기법 등이다.

그러나 무엇보다 딥러닝을 가능하게 한 일등공신은 강력한 컴퓨팅 능력과 빅데이터이다. 더 빠르고 강력한 계산 자원을 통해 더 큰 심층 신경망의 구현과 실험이 가능하게 되었다. 컴퓨터의 두뇌에 해당하는 것은 CPU이지만, 반복적인 단순 계산은 보조적 전자

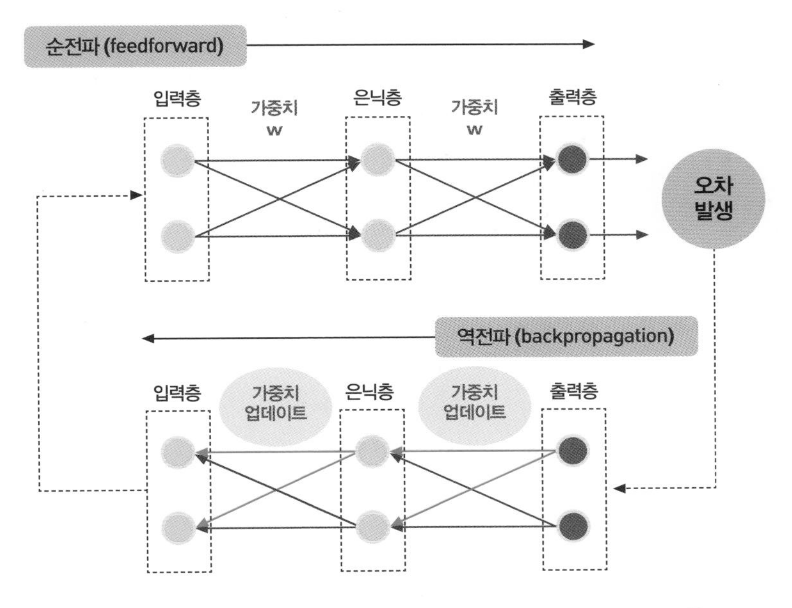

역전파 알고리즘은 인공신경망의 출력층에서 발견한 오류(출력값과 원하는 값의 차이)를
입력층의 방향으로 전파하여 순차적으로 파라미터를 수정

회로인 GPU Graphical Processing Unit를 이용한다. 원래 GPU는 컴퓨터 그래픽 생성작업을 신속하게 하기 위하여 개발되었다. 또 다른 쓰임새로 GPU가 연결선의 가중치를 급경사탐색법으로 수정하는, 단순한 계산이 여러 번 반복되는 인공 신경망의 학습, 특히 딥러닝에서 큰 역할을 하고 있다.

CNN의 등장

CNN은 영상인식에 특화된 다층 신경망이다. 동물의 시각 시스템의 작동 원리에서 영감을 받았다. 2차원 영상의 물체 인식에서 공간적으로 가까운 화소들은 강한 상관관계를 갖는다. 멀리 있는 화소의 영향은 적거나 없을 수도 있다. CNN은 이런 특성을 이용해서 망 구조를 획기적으로 단순화했다. CNN은 필터를 이용하여 국지적 특징을 추출한다. 이 작업을 콘볼루션이라고 한다. 추출한 특성으로 특성지도를 만든다. 같은 영역에서 여러 가지 필터로 다른 특성을 추출하여 사용한다.

특성지도를 여러 사각형의 영역으로 나누고, 해당 영역에서의 대표 값으로 대신하다. 이를 풀링이라고하는데 영상을 작게 줄이는 효과가 있다. 특성지도를 만들고 풀링을 수차례 반복한다. 특성지도의 크기를 줄이는 풀링 효과는 인식 과정에서 특성의 위치 변화에 영향을 덜 받게 만든다. 층을 많이 쌓을수록 특성지도는 점점 더 넓은 영역에서 특성을 추출할 수 있다. 최상위 계층은 최상위 계층의 특성을 이용하여 패턴 분류의 판단을 한다.

CNN은 영상 인식에서 전통적인 알고리즘이 수행하던 전처리 과정을 학습으로 자동화한 것이다. 형태 변이에도 강인하게 인식한다. 큰 신경망이지만 과다정합의 가능성이 작으며, 일반화 능력

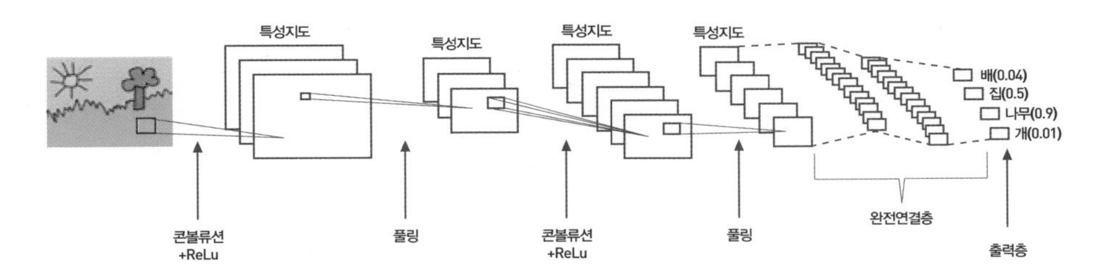

CNN의 구조. 콘볼루션층, 풀링이 반복하여 특성을 추출한다.
그리고 그 상위 부분은 이들 특성을 이용하여 분류하는 계층적 신경망으로 구성되어 있다.
출처: @Raghav Prabhu

이 우수하다. 또한 CNN은 컴퓨터 비전 문제를 시작부터 마지막까지 자동으로 처리한다는 장점이 있다. 필요한 특성을 자동으로 추출하는 것이다. CNN이 딥러닝 활성화를 선도했다고 할 수 있다.

CNN이 다른 프로그램에 비해 여러 강점도 있지만 그 접근법은 고등동물의 시각 인식 과정과는 매우 다르고 부족한 부분도 있다. 고등동물은 강력한 3차원 세상의 모델을 가진 것으로 알려져 있다. 따라서 고등동물은 다양한 각도·배경·조명 조건에서도 물체를 잘 인식할 수 있다. 만약 물체가 부분적으로 가려져도 고등동물은 세상의 모델과 지식을 사용하여 누락된 정보를 채우고, 추론하여 완성해 낼 수 있다. 반면 현재 CNN에는 아직 이런 능력이 없다.

딥러닝에서 많이 쓰이는 신경망 몇 가지

CNN이 공간 의존성이 있는 영상 인식에서 성과를 보인 것처럼 문제와 데이터 특성에 따라 특별하게 설계되어 잘 디자인된 신경망들이 성과를 내고 있다.

순환 신경망

순환 신경망이란 한 노드의 출력이 다시 입력으로 들어오는 순환경로가 존재하는 신경망을 말한다. 순환 신경망은 연속적으로 말하고 있는 음성의 인식, 연결된 필기의 인식, 단어들이 계속되는 문장의 이해, 행동인식 등 시간에 따른 정보 패턴을 파악하는 문제에서 사용되고 좋은 성과를 내고 있다.

생성망

신경망을 데이터 분류만이 아니라 데이터 생성의 목적으로 사용할 수도 있다. 순차적으로 생성되는 데이터가 원하는 특성 분포를 나타내도록 훈련할 수 있다.

어떤 확률 분포를 갖는 입력 데이터가 순차적으로 입력될 때 다른 확률 분포를 갖는 데이터가 순차적으로 출력되도록 학습하는 것이다. 즉 신경망이 입력 데이터 분포를 다른 데이터 분포로 바꾸는 함수 역할을 하는 것이다.

영상을 생성하는 과정 중에서 특성을 추가할 수 있다. 한 영상에서 특성을 발견하여 다른 영상에 추가할 수 있다는 것이다. 웃고 있는 모습, 나이 든 모습, 또는 선그라스를 쓰고 있는 모습 등으로 영상에 변화를 줄 수 있다. 비슷한 방법으로 사진을 유명 화가의 화풍으로 변환할 수 있다. 음성도 특정인의 특성이 나타나도록 바꿀 수 있다.

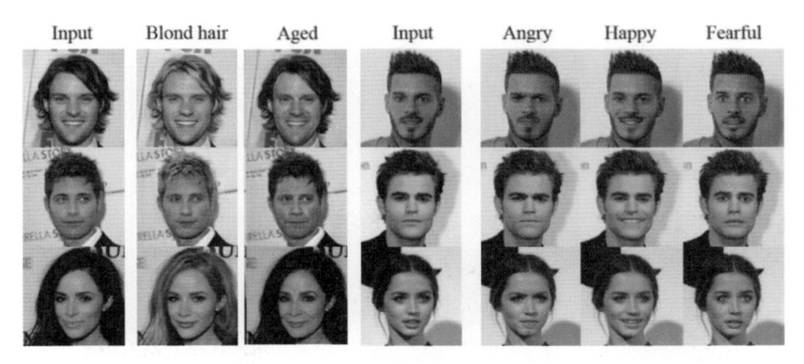

생성망은 입력 영상의 스타일 변환, 섬세한 표정의 변환이 가능하다. 출처: 네이버 콜로바 AI연구소

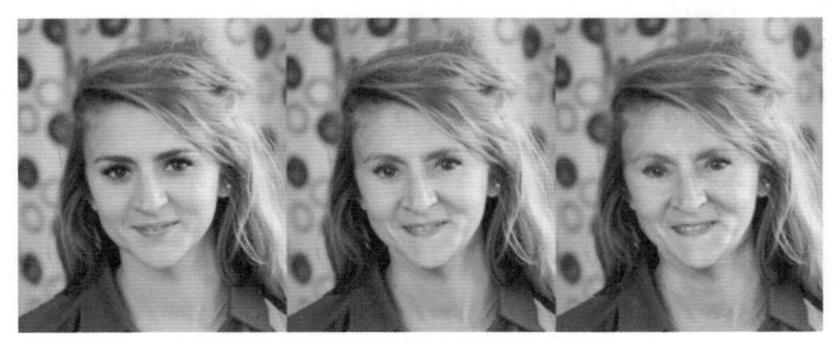

생성망은 얼굴 표정 변화, 노령화에 따른 모습 변화를 생성할 수 있다.
출처: arXiv.org. Deep Feature Interpolation for Image Content Changes

인왕제색도

생성망을 이용하여 조선시대 화가 겸제 정선의 화풍을 배워서 그린 인왕산 그림
출처: 김정우(사진), Wikimedia Commons(인왕제색도), 인공지능연구원(인왕산 그림)

또한 생성망 기술을 활용하여 영상 이해와 언어 생성을 연결하면 사진을 보고 그 내용을 설명할 수도 있고, 언어의 서술된 문장으로부터 영상을 생성할 수도 있다.

인공지능의 설명: "한 여자가 휴대폰으로 이야기하면서 미소를 짓는다."
인공지능이 사진을 보고 설명을 한다. 얼굴인식 알고리즘과 연결하여 구체적 설명도 가능하다.

달걀 모양의 얼굴에 짙은 화장을 하고 웃고 있는 모습의 여자를 보고 그려낸 얼굴들

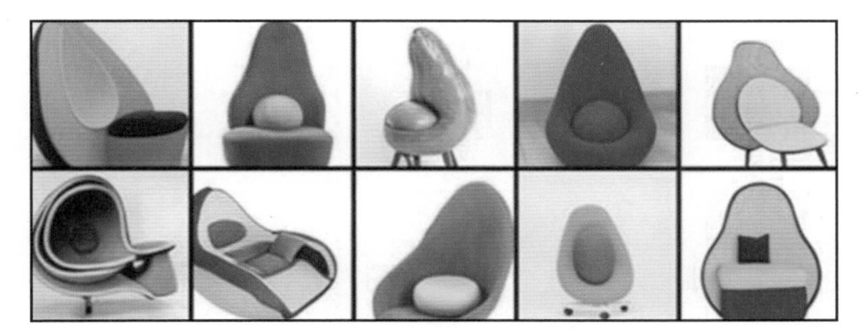

인공지능이 창작한 '아보카도 모양의 안락의자' 모습

사람처럼 보고 이해하는 컴퓨터 비전

더 이상 방사선과 의사를 양성하지 마라.

— 제프리 힌튼

컴퓨터 비전은 무엇인가?

컴퓨터 비전Computer Vision 기술은 컴퓨터가 사람과 같이 '보고' 이해할 수 있는 능력을 갖추도록 하는 것이 목표다. 사람은 시각 정보를 획득하고 해석함으로써 3차원 세계와 상황을 이해한다. 컴퓨터가 사람처럼 시각 기능을 갖추어 물체나 상황을 정확하게 식별하고 이해할 수 있다면 컴퓨터가 할 수 있는 영역은 훨씬 넓어질 것이다. 사람과의 소통도 자연스러워질 것이다.

시각으로부터 얻어지는 세상의 정보는 두 가지 종류로 구분할

컴퓨터가 사람과 같이 '보고' 이해할 수 있는 능력을 갖추는 비전시스템

수 있다. 시각적 자극을 형성하는 물리적·기하학적 정보와 사람, 건물, 나무, 자동차 등 세상의 물체에 관한 의미적 정보이다.

컴퓨터 비전 연구의 주제는 글씨 같은 2차원 흑백 패턴을 인식하는 문제부터 2차원 도형이나 사진을 분류하는 것, 그리고 3차원 공간상의 물체를 인식하고 추적하는 것, 행동과 상황을 이해하는 것 등 다양하다. 컴퓨터 비전 연구의 궁극적인 목표는 지능형 에이전트가 적절한 행위를 계획할 수 있도록 세상의 정보를 획득하는 것이다.

컴퓨터 비전의 응용 분야

제조 공정에서의 응용

이미 오래전부터 컴퓨터 비전 기술은 제조 공정에서 불량품 검사, 장비의 상태 검사에 사용되고 있었다. 한발 더 나아가 요즘 산업용 로봇은 제품 조립 공정에서 컴퓨터 비전 기술의 도움으로 유연성을 갖추게 되었다.

시각 기능을 갖추지 않은, 볼 수 없는 로봇은 단지 같은 작업을 반복적으로 수행할 뿐이지만, 시각 기능을 갖춘 로봇은 다양한 모양의 부품을 처리하거나 위치가 변화해도 융통성 있게 처리할 수 있다.

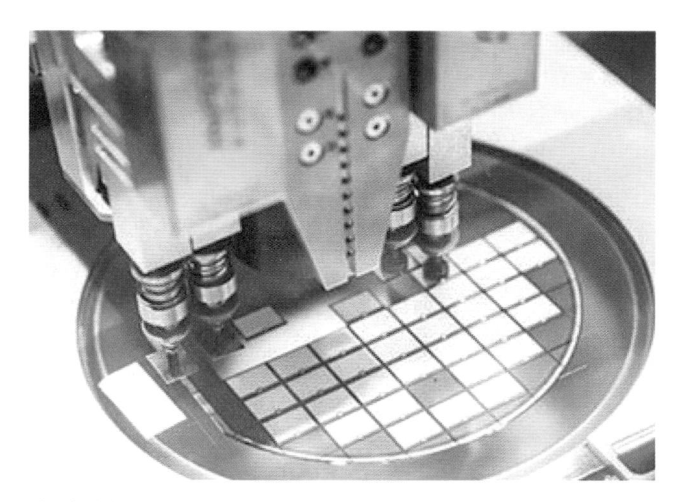

컴퓨터 비전 기술로 반도체 제품의 불량 여부를 검사한다.
출처: Wikimedia Commons

컴퓨터 비전 기술로 전기자동차를 조립하는 산업용 로봇
출처: Wikimedia Commons

유통업에서의 활용

우리가 주변에서 손쉽게 찾아볼 수 있는 바코드나 QR코드, 또는 광학글자OCR 등은 2차원 패턴의 판독을 통해 정보의 분류와 데이터 처리에 많이 쓰이고 있다. 이제 컴퓨터 비전 기술은 더욱 발전해 우편물의 자동 분류는 거의 완성 단계에 들어섰다. 편지 봉투에 인쇄된 주소는 물론, 손으로 쓴 주소도 인식한다. 3차원 입체 모양의 소포 상자 아무 곳에나 부착된 주소도 인식할 수 있다.

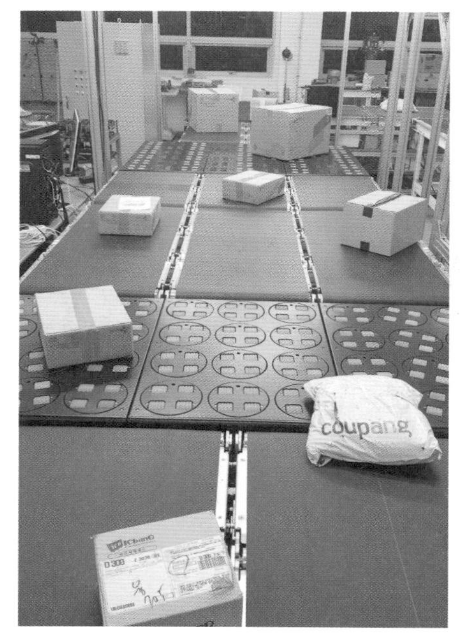

컴퓨터 비전 기술을 이용한 소포의 분류. 다양한 크기인 소포의 다양한 부분에 써진 주소를 실시간으로 인식하여 분류한다.
출처: ㈜가치소프트

건강 의료 분야에서의 응용

전체 의료 데이터의 90%는 이미지 기반이다. 따라서 의료 분야에 많은 컴퓨터 비전 응용 시스템이 개발되었다. 우리에게 익숙한 폐결핵 진단 흉부X선 검사는 이제 컴퓨터 비전 기술로 자동화되었다. MRI와 CAT 스캔에서 도출된 영상의 이상 징후도 의료진보다 훨씬 높은 정확도로 감지해낸다.

당뇨성 망막증을 진단하는 장치는 미국 식약청의 허가를 받아

영상에 나타난 얼굴을 찾아서 그 인물의 성별과 나이를 예측한다.
출처 : 인공지능연구원

현장에 배치되었다. 훈련된 안과의사가 두 시간 정도 걸리는 질병 진단의 경우 컴퓨터 비전 기술을 이용한 장치를 눈에 대는 순간 진단이 완료된다. 또한 유방암, 초기 단계의 종양, 동맥경화 등 수천 가지의 질환을 컴퓨터 비전 시스템으로 손쉽게 감지할 수 있다. 의료 분야에서 컴퓨터 비전 기술의 응용은 이제 시작일 뿐이다. 더 많은 질병의 진료에서 인공지능이 징후를 '보고' 진단하여 치료에 도움을 줄 수 있을 것이다.

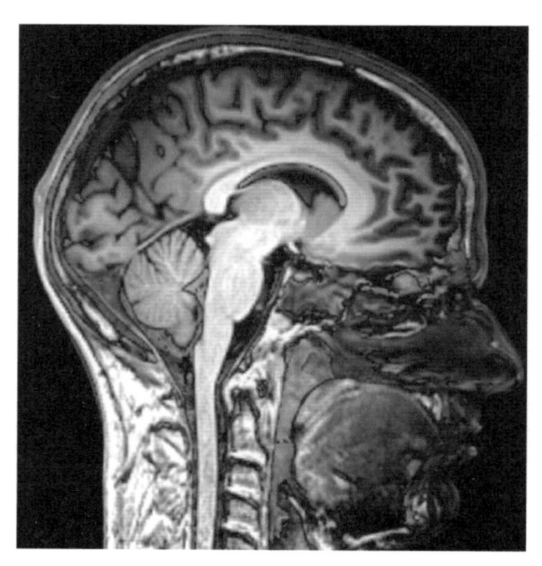

MRI로 스캔한 사람의 두뇌 사진.
영상 분석을 통한 진단 및 치료의 자동화가 활발해지고 있다.
출처: Wikimedia Commons

자율주행차에서의 응용

당연한 이야기이지만 자율주행차 운행은 컴퓨터 비전 기술에 크게 의존하고 있다. 아직 사람을 완전히 대체할 단계는 아니지만, 자율주행차 기술은 지난 몇 년간 크게 발전해왔다.

컴퓨터 비전 기술은 주변 및 여러 상황 인식과 주행 결정에 있어서 중심 역할을 한다. 차선을 발견하고, 도로 곡률을 추정하며, 위험을 감지하고, 교통 신호를 인식하며, 다가오는 차량의 상황을 이

자율주행차는 다른 자동차나 보행자를 보고 상황을 판단하며 운행한다.
출처: https://www.electricmotorengineering.com/amazon-acquiring-zoox-a-self-driving-startup/, Copyright: Common License 4.0

해하고 예측한다. 자율주행 알고리즘으로 안전하게 운행하려면 400m 전후방의 자전거 운전자, 차량, 도로 공사 및 기타 물체의 움직임을 감지하여야 한다. 자율주행차는 비전 카메라 외에도 초음파 센서와 레이더 등을 포함하고 있다. 이것은 어둠, 폭우, 안개와 같은 위험한 기상 조건에도 비전 센서와 협동하여 상황을 판단할 수 있게 해준다.

자율주행차는 일반적인 조건에서만 아니라 예상치 못한 상황에서도 올바르게 작동할 수 있어야 한다. 이를 위해 컴퓨터 비전 시스템은 수백만 명의 운전자들로부터 수집된 데이터를 분석하고,

운전자의 행동을 보고 학습한다.

요즘은 자율주행차가 아니더라도 고급 자동차에는 다양한 컴퓨터 비전 시스템이 장착되어 있다. 360도 모든 방향을 보여주는 카메라는 사각지대에서 일어날 수 있는 사고를 예방해 주는 대표적인 사례이다.

드론에서의 응용

컴퓨터 비전 기술을 응용하면 드론의 효용성을 크게 증진시킬 수 있다. 컴퓨터 비전 기술은 드론이 공중에서 비행하면서 다양한 종류의 물체를 탐지할 수 있도록 해준다. 드론은 이제 군사목적뿐만 아니라 민간 영역에서도 활발히 사용되고 있다. 드론이 절벽에 매달린 등산가에게 다가가서 멋진 사진을 촬영할 수도 있다. 농작물 작황, 토양에 대한 데이터 등을 실시간으로 수집 · 분석함으로써 정밀 농업도 가능해졌다.

좀 더 나아가 인간, 고래, 지상 동물, 그리고 다른 해양 포유동물과 같은 생동하는 존재들을 높은 정확도로 감지, 추적한다. 또한 교량, 철도, 전력선, 오지의 석유 · 가스 채굴 장비, 태양광 설비 등 사람이 접근하기 어렵거나 위험한 곳의 데이터를 수집한다.

배달용 드론은 의약품, 음식 등을 외딴 섬, 산 정상, 위험지역 등으로 운송하는 데 이용된다. 이제는 물건뿐만이 아니라 사람도 태

드론은 장착된 카메라를 이용해 움직이는 물체를 높은 정확도로 감지한다.
출처: wikimedia commons

울 수 있다. 물론 안전이 담보되어야 하고 안전을 담보하기 위해서는 물체 인식과 충돌 회피 기능이 필수적이다.

컴퓨터 비전의 어려움

컴퓨터 비전 연구는 매우 도전적인 연구 분야이다. 기계가 인간처럼 보고 인식하는 것은 매우 어려운 일이기 때문이다. 우리는 아직도 인간의 시각 시스템이 어떻게 작동하는지 정확히 알지 못한다. 신경과학과 뇌 연구의 결과로 인간 시각 시스템에 대해 더 많이 알게 되면, 컴퓨터 비전의 기술도 크게 발전할 것이다.

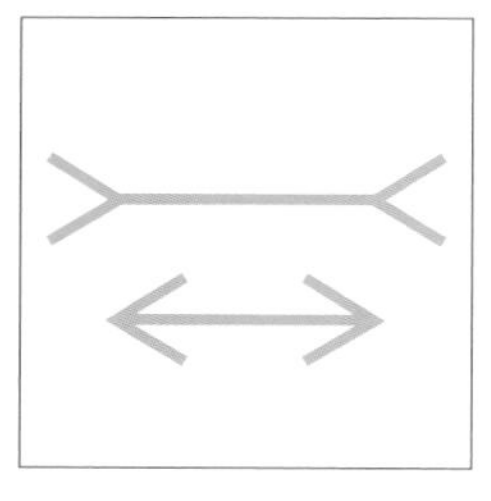

(a) 위와 아래 선의 길이는?

(b) A와 B의 밝기는?

(c) 젊은 여성, 혹은 노파?

착시 현상의 예
출처: Wikipedia

컴퓨터 비전은 적은 정보를 가지고 더 많은 정보가 필요한 상황을 유추해내야 하는 어려운 분야이기도 하다. 3차원으로부터 2차원 정보를 만들거나 컬러사진을 흑백사진으로 만드는 영상 처리의 문제는 정보의 축약이나 변환으로 간단히 가능하다. 하지만 인식의 문제는 2차원 영상으로부터 3차원의 정보를 복원하는 작업이다. 부족한 정보를 채워 넣어야 하는 작업으로 단순 계산만으로는 해결이 불가능한 문제이다. 이 문제를 가능하게 하는 것은 세상에 대한 지식이다.

컴퓨터 비전의 세부 문제

컴퓨터 비전의 과제에는 디지털 영상 획득과 처리는 물론 분석을 통하여 내용을 이해한다는 것까지 포함한다. 물체의 인식은 가

개별적 특성으로 신원이나 정체를 밝힘

장 고전적인 컴퓨터 비전의 문제이다. 인식 문제는 그 성격에 따라서 여러 이름으로 불려왔다. 분류는 영상 데이터를 미리 정해진 종류로 나누는 것이다. 식별이란 얼굴, 지문, 손글씨, 차량 번호 등의 개별적 특성으로 신원이나 정체를 밝히는 문제를 지칭한다.

검출이란 특정 객체, 특성 또는 활동이 영상에 포함되어 있는지와 그 위치를 찾는 문제를 말한다. 의료 영상에서 특이 상황을 발견하는 문제가 대표적이다. 검출 문제는 종종 영상에서 물체의 영역을 추출하는 문제를 포함한다. 검출 중에서 물체의 영역을 추출하는 문제를 분할이라고 한다. 분할을 잘 하면 검출과 인식 성능이 좋아진다. 검출은 인식의 전처리라고도 볼 수도 있다.

추적이란 순서대로 나타나는 영상에서 동일 물체를 검출하고,

이를 물체의 움직임으로 연결하는 것이다. 하나 이상의 움직이는 물체가 있을 수 있고, 앞 물체에 가려 뒤 물체 일부 혹은 전부가 보이지 않을 수 있다. 이 경우에는 움직임을 예측하여 처리해야 하는데 이 기술은 전통적으로 물체를 감시하는 데 사용되었다.

컴퓨터 비전 기술은 스포츠 중계, 공항 같은 공공장소에서의 보안 문제, 종업원 없는 점포에서 고객 행동 파악 등 여러 목적으로 사용될 수 있다. 또한 아바타를 만들어 발성과 입술을 일치시키고, 자연스러운 몸짓을 하도록 하는 데에도 비전 기술이 활용된다.

컴퓨터 비전에 사용되는 딥러닝 기술

영상 속의 물체 분류를 위한 CNN

영상 속 물체 분류의 문제는 주어진 영상의 핵심 물체가 어느 범주에 속하는가를 결정하는 것이다. 새로운 영상을 보여주었을 때 영상의 범주에 대한 예측과 그 예측의 신뢰도를 출력하는 것이 주어진 문제다. 이 문제는 기계 학습으로 해결을 할 수 있다.

언뜻 보면 이 과제는 단순할 것 같지만 컴퓨터 비전에서 해결책은 제법 복잡하다. 물체는 물체를 보는 방향의 변화, 물체 크기의 변화, 화면 중 물체가 차지하는 위치의 변화 등을 수용해야 한다.

영상 속의 물체 분류를 위한 이미지넷 데이터집합. 범주에 따른 물체 영상이 주어진다.
출처: CS 189 Introduction to Machine Learning, https://people.eecs.berkeley.edu/~jrs/189/hw/hw1.pdf

영상이 변형되고, 어떤 경우에는 앞 물체에 가려져 다 보이지 않고, 조명 조건이 다르고, 배경도 다르다는 등의 어려움도 많다. 또 같은 범주의 물체라고 하더라도 모양이 똑같지 않은 경우도 많다.

이러한 문제점 때문에 2차원 영상 속의 물체 분류 시스템을 전통적인 코딩 방식으로 개발하는 데 한계가 있다. 코딩 방식으로 개발할 때에는 관심 있는 모든 영상의 범주가 어떤 모습인지, 어떻게 분류해야 하는지 일일이 코딩해야 하므로 매우 복잡하고 어렵다.

영상 속의 객체 검출 문제. 모든 자동차와 그의 경계 상자를 찾아야 한다.
출처: https://openingsource.org/2878/zh-tw/

또 범주의 개수가 바뀔 때마다 코드를 바꿔야 한다.

이런 문제에는 데이터를 기반으로 하는 기계 학습 기법이 적격이다. 각 영상 범주의 많은 예제를 통해서 각 범주의 시각적 외관에 대해 컴퓨터 스스로가 학습하게 만드는 것이다. 지금까지는 영상 속 물체를 분류하는 문제를 사용할 특성을 지정하고 지도 학습 방법을 사용하여 해결하려고 하였다. 그러나 인공 신경망 방법론에서는 어떤 특성을 추출해서 사용하라고 지정하지 않아도 된다. 인식을 위한 특성의 선택을 데이터 학습을 통해 자동화하기 때문이다.

영상을 개체별로 분할한 결과
출처: ETRI 인공지능연구소

사람과 기계,
자연스럽게 대화하기

가장 성공적이라는 GPT-3의 모든 기능은 단어가
서로 어떻게 관련되는지를 좁은 시각에서 이해하는 것이다.
그러나 그 모든 단어에서 꽃피고 윙윙거리는 세상에 대해 어떤 것도 추론하지 않는다.
— 게리 마커스 & 어니스트 데이비스

자연어 이해란?

만약 컴퓨터가 사람의 언어를 이해한다면 자연스럽게 사람의 언어로 정보를 교환하거나 대화를 할 수 있을 것이다. 사람이 일상적 언어로 컴퓨터에 묻고 답을 구할 수 있기 때문에 기계, 컴퓨터를 훨씬 쉽고 편리하게 사용할 것이다. 외국어로 된 문서는 컴퓨터가 자동으로 번역해줄 것이고, 컴퓨터가 이메일을 읽고 스스로 대응할 수 있도록 할 수도 있다. 또 대부분 문서 형태로 축적된 인류의 방대한 지식과 문화유산을 컴퓨터가 활용할 수 있다.

자연어 이해는 컴퓨터가 사람의 언어를 이해하도록 만드는 연구 영역이다. 자연스러운 문장이나 대화의 생성도 포함된다. 기계가 사람의 언어를 사용하게 하는 작업은 인공지능의 핵심분야로 연구되고 있다. 그러나 인공지능의 여러 연구 영역 중에서 자연어 이해는 아직도 갈 길이 먼 미지의 영역이다. 사람과 공생하는 기계를 만들기 위한 최후의 고비가 아닐까 한다.

자연어 이해가 어려운 이유

자연어를 이해하려면 제일 먼저, 기본적으로 사용 언어에 대한 단어와 문법 지식이 필요하다. 일반적인 언어적 능력에 더해 대화 영역의 지식도 필요하다. 일반인 비전문가가 자연어로 서술된 복잡한 기술문서를 이해하지 못하는 것은 영역의 지식이 없기 때문이다.

'충무공의 생신은 언제입니까?'라는 문장을 생각해보자. 질문을 해결하기 위해 컴퓨터는 데이터베이스를 열심히 찾아보았으나 '충무공의 생신'이라는 정보는 찾을 수 없었다. 그러나 충무공은 이순신의 시호이고, 생신은 생일의 높임말이라는 지식이 있었다면 '이순신의 생일'을 찾아 답했을 것이다. 이렇듯이 자연스럽게 대화하

자연어 이해의 어려움

기 위해서는 여러 가지 형태의 지식과 이들을 종합하여 추론하는 능력이 필요하다.

지난 70년간의 인공지능 연구 결과로 자연어를 이해하기 위해서 언어지식, 문제 영역의 지식, 세상에 대한 상식이 필요하다는 것이 밝혀졌다. 초창기에는 단순하게 생각해서 문장을 '이해'하지 못하더라도 구조 분석과 단어 대치 등을 하게 되면 외국어 번역이 가능하리라고 생각했다. 하지만 이런 시도는 처참하게 실패했다.

이후 학자들은 자연스럽게 대화를 하려면 대화하는 영역에 관한 지식이 필요하다는 것을 이해하게 되었다. 그래서 그 영역을 좁혀

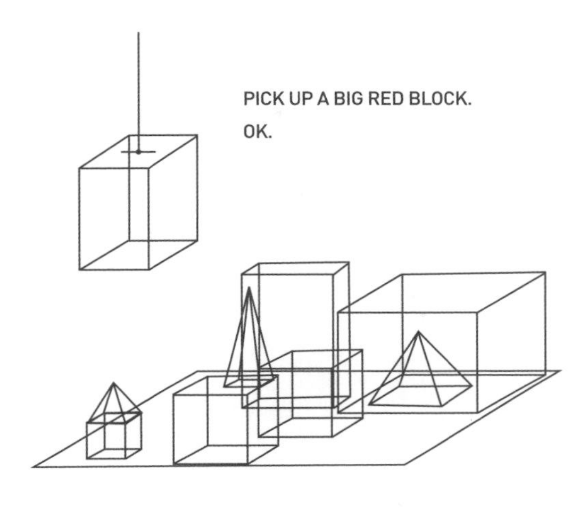

SHRDLU 프로그램이 보는 블록의 세상
출처 : Wikimedia Commons

서 의미 있는 대화의 가능성을 시도해 보았고, 그들이 선택한 것은 '블록의 세상'이다.

이제 인공지능이 '블록의 세상'을 벗어나 실제 세계로 나오고 있다. 그러기 위해서는 엄청난 양의 세상 모델과 지식이 필요하다. 우리는 이런 세상 모델과 지식을 상식이라고 한다. 상식에는 물건은 높은 곳에서 낮은 곳으로 떨어진다는 등의 물리 법칙은 물론, 생물은 생존 욕구가 있다는 것, 또 나의 애인에게 접근하는 경쟁자가 밉다는 등 인간 오욕칠정의 모든 현상을 말한다. 세상의 상식이 광범위하기 때문에 컴퓨터를 통해 효과적으로 저장하거나 사용하는 것은 거의 불가능하다. 연구자들은 상식 백과사전을 만들어보려고 여러 차례 시도했으나 그 결과는 결국 일부 영역의 사전으로 끝이 나고 말았다.

일상생활에서 사람이 글을 쓰거나 대화할 때는 독자나 대화 상대자가 대화의 문맥을 이해하고 있다고 가정하는 것이 일반적이다. 일상적인 대화에서 이미 상식적으로 알고 있는 배경지식은 언급하지 않는다. 이미 세상 지식이 공유되었다고 믿고 정보를 생략하고 추상화해서 함축적으로 정보를 전달하게 된다. 독자나 대화 상대자가 세상의 지식을 이용해 생략된 것을 채워 넣어 이해한다.

자연어 이해가 특히 어려운 이유는 모호성 때문이다. 자연어는 모호하다. 자연어는 데이터의 의미가 문맥과 상황에 따라 다르게 분석·해석된다. 우리가 평소 대화를 할 때 문맥이나 상황을 명시적으로 언어에 표현하면서 대화하지는 않는다. 듣는 사람이 알아서 인간 세상의 지식을 이용해 모호성을 해결한다.

한 가지 예를 들어보자. "철수는 어항을 떨어뜨렸다. 그는 울고 말았다." 철수는 왜 울었을까? 사람들은 아주 다양한 해석을 내린다. 예를 들어, '어항이 깨져서', '물고기가 죽어서', '엄마한테 혼날까

오욕칠정 | 五慾七情. 불교 용어로 사람의 본능적 욕망과 정서를 말한다.

철수는 어항을 떨어트렸다.

봐' 등이다. 재미있는 것은 이 문장 어디에도 어항이 깨졌다는 이야기는 없다. 갑자기 등장하는 '물고기'나 '엄마'는 컴퓨터 입장에서 생뚱맞은 해석일 것이다. 하지만 사람들은 상식을 적용해서 아주 자연스럽게 철수가 울고 있고, 그 이유에 대해 다양한 해석을 내릴 수 있다. 하지만 상식이 없는 컴퓨터에 이런 유추는 매우 어려운 작업일 수밖에 없다.

대명사가 지칭하는 것을 찾는 것도 쉬운 문제는 아니다. 다음 두 문장을 살펴보자.

공장 앞에서 대치하고 있는 사람들

A : 철수는 오늘도 공장 앞에서 대치하고 있는 사람들을 쳐다보았다. 그는 매일 피켓을 들고 소란을 피우는 그들이 마음에 들지 않았다.

B : 철수는 오늘도 공장 앞에서 대치하고 있는 사람들을 쳐다보았다. 그는 작업 환경을 개선해주지 못하는 그들이 마음에 들지 않았다.

B 문장의 '그들'과 A 문장의 '그들'이 누구를 가리키고 있는지 판단하기 위해서는 세상의 지식이 필요하다. 즉, 사측과 노조의 갈등을 이해할 수 있어야 한다. 피켓을 드는 사람들이 누구인지, 작업

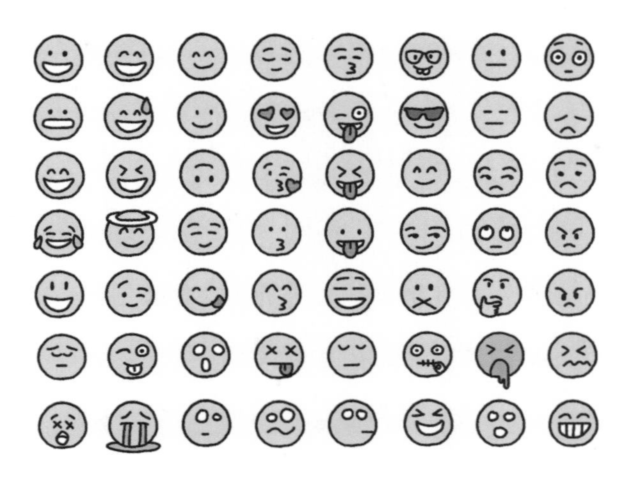

다양한 음성, 톤, 제스처, 시선, 표정

환경 개선을 해주어야 하는 사람들이 누구인지 알아야만 '그들'이 누구인지 판단할 수 있다. 이러한 모호성 해결에도 세상의 지식이 필요하다. 결국 세상의 지식과 모델이 없으면 자연어를 이해할 수가 없다.

현재 자연어 처리 기술은 문장의 구조 분석을 완성하는 수준까지 올라왔다. 그리고 작은 세상, 즉 특정 영역 안에서 대화를 이끌어가는 수준은 제법 놀라울 정도이다. 그러나 아쉽게도 작은 세상을 벗어나는 순간 바보가 된다. 인공지능 스피커에 사용되는 챗봇이 대표적인 예이다.

자연스러운 대화를 하기 위한 또 하나의 커다란 문제는 문장뿐만 아니라 사람의 손짓, 눈길, 음성 톤 등을 함께 사용하는 멀티모달 행태를 이해해야 한다는 것이다. 쉬운 예로 손으로 가리키면서 "여기를 보세요"라고 말할 때 시각 기능과 긴밀히 협조하지 않으면 상황을 이해하기가 힘들다.

자연어 문장을 분석하는 기술

텍스트는 올바른 문장의 집합이다. 올바른 문장이란 구문적으로는 물론 의미론적으로도 적합한 문장이다. 구문적이란 문법적 구조를 가리키는 반면, 의미론적은 그 구조를 형성하는 어휘의 의미를 가리킨다. 전통적 언어 분석 기법은 문장을 구문적 단위로 구분한 다음, 그 단위들의 관계를 식별하고 그들을 다시 이어서 의미를 파악하는 것을 말한다.

자바Java, 파이선Phython과 같은 프로그래밍 언어를 형식언어라고 한다. 형식언어는 일련의 규칙에 따라 유한한 알파벳으로 형성되는 문자열의 집합으로 문장을 구성한다. 형식언어는 의미를 정의하는 규칙이 정해져 있어서 해석할 때 애매한 부분이 없다.

그러나 형식언어와 달리 자연어는 애매하다. 상황에 따라 단어의 역할, 의미가 달라진다. 의미만 전달하는 것이 아니라 감정 등 부수적인 정보도 전달한다. 의미와 부수적인 정보 전달을 하기 위하여 동일한 객체나 현상이 여러 가지 방법으로 표현되기도 한다. 특히 대화에서는 같은 의도나 감정이 여러 가지 스타일로 표현된다. 대화의 언어 분석을 하려면 문맥의 변화 속에서 의미와 감정을 파악해야 하는데 이것이 어려운 문제다. 더구나 자연어의 범위는 매우 넓고, 새로운 어휘가 계속 생기고 의미도 변하는 등 끊임없이 진화하기 때문에 정확한 문장의 의미를 이해하는 것은 더욱 어렵다.

그래서 요즘은 자연어 처리할 때 확률적 판단을 사용한다. 언어 요소의 발생 빈도를 확률적으로 표현한 확률적 언어 모델이 대표적이다. N개의 단어가 연속되었을 때 다음에 나타나는 단어의 빈도를 확률 분포로 표현한다. 또 특정한 순서로 단어가 앞뒤로 나타났을 때 가운데 단어의 빈도를 표현하는 모델을 심층 신경망으로 만들기도 한다. 심지어 한 문장이 나온 다음에는 어떤 문장이 나오는가를 예측하여 이야기를 작성하기도 한다. 최근 주목받고 있는 GPT-3라는 인공지능 시스템이 이런 능력을 갖추고 있다.

단어의 벡터 표현

컴퓨터가 자연어를 잘 처리하게 하려면 첫 단계로 언어를 적절히 표현하여 입력해야 한다. 언어는 단어의 연결로 볼 수 있기 때문에 단어의 표현이 가장 기본이다. 기호 처리적 기법에서는 단어를 기호로 표현하고 기호적 연산으로 추론 등을 수행했었다.

그러나 신경망 기법에서는 수치적 계산을 해야 하기 때문에 단어를 수치로 표현해야 한다. 단어를 매우 커다란 N의 N차원의 벡터, 즉 N차원 공간의 점으로 표현하는 기법이 최근 많이 쓰인다. N차원의 벡터 표현에서 의미가 유사한 단어들이 공간상에서 가까운 장소에 모이도록 배치한다면 여러 이점이 있다. '과일'이라는 단어는 '사과'와 유사한 위치에 나타나기 때문에 문장에서 '과일'과 '사과'는 문법적으로는 물론 의미적으로도 유사한 의미로 사용할 수 있다. '과일'이나 '사과'는 '먹는다'는 단어와 함께 자주 나오기 때문에 의미가 유사하다고 간주할 수 있다.

주의집중 기법

현재 분석하는 단어에 문장의 어느 부분이 얼마나 영향을 미치는가를 학습해야 할 필요가 생겼다. 이러한 필요성은 특히 두 언어 간의 번역을 할 때 두드러지게 나타난다. 각 언어에서 단어의 의미가 다를 수 있고 어순도 다르기 때문이다.

이때 주의집중Attention이라는 아이디어가 사용된다. 신경망 모델이 필요한 정보를 선택하여 이용하는 능력을 제공하는 것이다. 모든 단어가 문장에서 동일한 중요도를 갖는 것은 아니기 때문에 문장을 구성하는 데 많은 정보를 제공한 부분을 훈련데이터로부터 배우고, 다음번 유사한 문제에서 학습한 그 특성의 존재 여부를 확인하는 방법이다.

버트BERT는 문장에서 나타나는 단어 간의 연관관계를 학습하는 언어모델이다. 특별한 목적을 갖지 않고 커다란 자연어 말뭉치로부터 문장 내 단어의 관계를 학습하는 것이다. 입력 문장의 일부 단어를 가린 후 출력 부분에서 가려졌던 단어를 예측하도록 학습한다. 좌우 문맥을 학습하도록 영어의 확률적 언어 모델이 심층 신경망 형태로 훈련되는 것이다.

배운 것을 활용하는 전이 학습

프로그램의 작동 원리를 연구하고 이를 자신의 필요에 맞게 변경시킬 수 있는
자유, 이웃을 돕기 위해서 프로그램을 복제하고 배포할 수 있는 자유,
이러한 자유가 필요하다.

— 리차드 스털만

습득한 지식을 재사용

딥러닝은 여러 인공지능 문제에서 뛰어난 성과를 보이고 있다. 누구나 조금만 관심이 있다면, 수백 장의 훈련용 영상데이터와 PC 정도의 계산 능력으로도 '개와 고양이 사진 분류기'를 만들 수 있을 것이다. 또 간단한 명령어를 이해하는 챗봇도 만들 수 있을 것이다.

그러나 딥러닝이 조금만 복잡해져도 다른 차원의 문제가 생기게 된다. 수백만 개의 훈련 데이터를 모아서 가공해야 하고 강력한 GPU 수십 개를 이용하여 며칠 또는 몇 주간 학습을 수행해야 한

다. 현실적으로 이러한 작업은 많은 데이터와 컴퓨팅 자원을 가진 대기업만 가능하다. 결국 대기업이 아니면 경쟁력 있는 신경망 모델을 만들 수 없다는 이야기이다.

인공지능 소프트웨어, 특히 기계 학습 도구들이 공개되어 있다고는 하지만 현실적으로 많은 데이터와 컴퓨팅 자원이 없다면 그저 그림의 떡일 뿐이다. 이러한 문제를 완화할 방법으로 이미 개발된 신경망 모델을 개방하고 공유하는 방법을 생각해볼 수 있다.

전이 학습Transfer Learning은 많은 데이터로 훈련시킨 신경망을 재사용하여 빠르게 새로운 문제에서 작동하게 하는 기술이다. 이미 습득한 지식을 토대로 새로운 문제 해결에 이용하는 것이다. 이미 개발된 신경망 모델의 구조 그리고 훈련된 연결 강도 등을 재사용하여 효율적으로 유사한 신경망의 성능을 개선하거나, 이를 부품(모듈)으로 사용하여 더 크고 강력한 모델을 만들 수 있다.

전이 학습이 신경망 기술의 확산과 발전에 기여하는 바는 크다. 심층 신경망이 점점 다양한 영역에 적용되면서 전이 학습은 딥러닝 모델을 개발하는 데 매우 인기 있는 기술로 부상하고 있다.

이미 습득한 지식을 토대로 새로운 문제 해결에 이용하는 전이 학습

영상 분류를 위한 전이 학습

영상 분류를 위한 전이 학습의 기본 발상은 간단하다. 신경망이 충분히 많은 물체의 범주를 포함하고 일반적인 데이터 집합에서 훈련되었다면, 이 신경망은 일반적인 물체 분류 작업에 범용적으로 사용할 수 있다는 것이다.

이 신경망을 공유한다면 특정 물체를 분류하기 위해 처음부터 훈련을 다시 시작할 필요가 없다. 이 신경망을 미세 조정하는 것만으로도 활용할 수 있다. 전이 학습에서 많이 언급되는 사례로 스탠

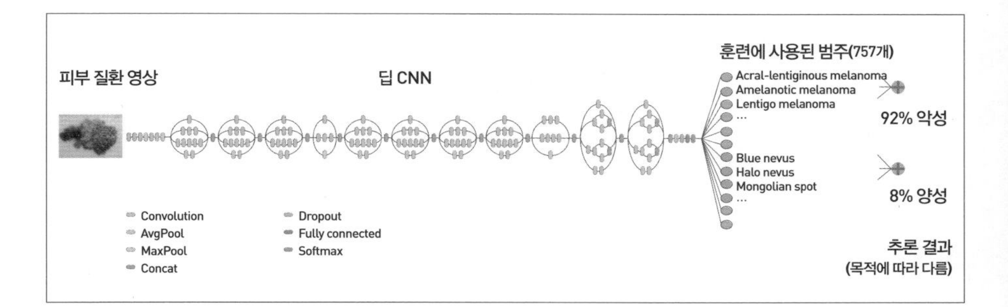

이미지넷의 일반적인 영상으로 훈련된 CNN에서 최상층의
계층적 신경망을 피부암 분류 용도로 수정했다.

퍼드 의대에서 발표한 피부 질환 진단기가 있다. 이미지넷의 일반적인 영상으로 훈련된 CNN에서 최상층의 계층적 신경망을 피부암 분류 용도로 수정했다.

CNN의 전이 학습은 딥러닝을 이용한 인공지능 기술의 대중화에 큰 영향을 주고 있다. 특히 훈련 데이터가 부족한 의료 영상을 이용하는 진단에서 인기를 끌고 있다. 비록 영상 분야보다는 조금 늦게 시작되었지만, 자연어 처리 분야에서도 전이 학습이 확산되기 시작했다.

딥러닝의 몇 가지 한계

딥러닝에 대한 이해가 깊어지고, 활용하는 영역도 넓어졌지만,
여러 한계와 약점도 밝혀졌다. 약점은 기계학습이 갖는 근원적인 것부터
엔지니어링 노력 부족에 이르기까지 다양하다. 이 약점들이
곧 해결될 것이라는 기대도 있지만, 쉽지 않을 것이라는 우려도 있다.

모든 기술이 그렇지만, 새로운 기술이 등장할 때는 큰 기대를 받고 모든 문제를 해결할 수 있는 것 같다. 그래서 많은 관심과 연구비가 집중된다. 그러나 시간이 지나면서 기술의 본질이 드러나게 되고, 더불어 그 기술의 한계도 알려지게 된다. CNN이 딥러닝이라는 유행어를 만들면서 인공지능에 관심을 끌어올린 것도 벌써 10년이 넘었다. 그동안 딥러닝에 대한 이해가 깊어지고 활용하는 영역도 넓어졌지만, 여러 한계와 약점도 밝혀지고 있다.

많은 데이터와 컴퓨팅을 요구하는 딥러닝

기계 학습의 기본적인 원리는 통계적 학습 및 추론 방법이다. 그 성능은 데이터의 양과 질이 결정한다. 훈련 데이터가 많으면 많을수록 좋은 성능을 보인다. 그런데 기계 학습에서 필요로 하는 데이터의 양은 모델 파라미터의 수가 증가함에 따라 기하급수적으로 증가한다.

글쓰는 인공지능 GPT-3를 한번 훈련시키는데 120억원의 전기를 사용했다고 한다. 이에 배출되는 탄소량은 자동차가 지구에서 달까지 왕복하는데 배출되는 탄소량과 같다고 한다. 일부에서는 딥러닝하다가 인류가 지구 온난화로 멸망하지 않을까 걱정의 소리가 나온다.

우수한 성능의 딥러닝 모델을 구축하기 위해서 투입되는 훈련 데이터는 아주 정확해야 한다. 특히 지도 학습에 사용되는 입력과 출력 쌍의 훈련 데이터는 철저히 점검해 정확도를 높여야 한다. 정확하지 않은 데이터로 훈련시킨다면 그 결과는 보장할 수 없다.

데이터에 내재된 편견

데이터에는 편견이 있다

앞서 데이터의 정확도를 높여야 한다고 했는데, 우리가 살아가는 세상의 데이터에는 편견이 있다는 가능성을 항상 염두에 두어야 한다. 편견이 존재하는 사회에서 획득한 데이터는 그 사회의 편견이 그대로 따라오기 마련이다. 데이터에 내재된 편견이 학습을 통해 알고리즘으로 그대로 전달된다. 개발자가 의도했든 그렇지 않든, 데이터의 편견은 알고리즘과 인공지능 시스템의 편견으로 이어져 불공정한 결과를 가져온다.

실제로 많은 기계 학습 인공지능이 인종차별을 하고 있다. 구글의 영상 분류 시스템이 흑인 여성을 보여주니 고릴라라고 분류했는가 하면 얼굴 인식기가 흑인 얼굴을 잘 탐지하지 못하기도 한다. 사용했던 훈련 데이터가 백인 남성 중심으로 되어 있었기 때문이다. 범죄를 다시 일으키는 재범 가능성을 예측하여 가석방 여부를 결정하는 알고리즘에서 흑인에 대한 선입견을 가지고 차별한다는 것이 알려져서 사회적 논란이 되었다.

인공지능은 학습된 문제만 해결한다

2020년 6월 자율운전 모드에 있던 테슬라 자동차가 타이완에서 사고를 냈다. 고속도로에서 옆으로 누워있던 트럭에 전속력으로 돌진한 것이다. 이 웃지 못할 사고를 조사하는 경찰과 인공지능 간의 대화를 가상으로 구성해보았다.

경찰 : 아니, 이 큰 물체를 못 보고 가서 부딪힙니까?

인공지능 : 하얀 것이 하늘인지 알고 직진했는데 갑자기 하늘이 딱딱해졌네요.

경찰 : 트럭을 들이받으셨습니다.

인공지능 : (놀라며) 예? 트럭이요? 무슨 트럭이 바퀴도 없어요? 저는 바퀴는 잘 보는데…

경찰 : 트럭이 드러누워 있었어요. 그래서 바퀴가 안 보였겠죠?

인공지능 : 그럼 제가 본 하얀 것은 무엇인가요?

경찰 : 트럭의 지붕입니다.

인공지능 : 아! 저는 트럭의 지붕을 본 적이 없어요. 트럭의 앞, 뒤, 옆은 많이 봐서 잘 아는데, 트럭이 드러누우면 지붕이 보이는군요. 제가 훈련받을 때 드러누운 트럭의 영상은 본 적이 없었어요.

2020년 6월 자율주행 중이던 자동차가 고속도로에서 옆으로 누운 트럭에 전속력으로 돌진하여 충돌했다.
출처 : https://m.facebook.com/TeslaWithSuperafat/posts/1605095969659663?comment_id=1605103802992213

어떻게 이런 일이 일어났을까? 답은 명확하다. 기계 학습 컴퓨터인 비전 시스템은 훈련된 것만 인식한다. 고속도로에 트럭이 누워있는 경우는 흔치않다. 그래서 아마 훈련에 사용된 데이터 집합에서도 도로에 옆으로 누워서 지붕을 보여주는 트럭의 영상은 없었을 것이다. 트럭의 뒷부분은 많이 봐서 잘 인식하지만 트럭의 지붕은 본 적이 없으니 어떻게 인식할 수 있겠는가?

훈련에 참여하지 않은 데이터에도 작동하는 능력을 일반화 능력이라고 한다. 사람은 일반화 능력이 인공지능보다 월등하다. 탁구를 배우면 그 능력으로 테니스도 제법 한다. 일반화를 잘한다는 것은 조금 과장해서 말하면 안 배운 일도 잘한다는 것이다. 보통 딥러닝으로 훈련한 심층 신경망은 일반화에 약하다.

의사결정 과정을 설명할 수 없다

알파고와 이세돌의 네 번째 대국에서 알파고가 패배했다. 언론에서는 일부러 져준 게 아니냐는 이야기도 있었다. 하지만 감정 없는 기계가 져준다는 것은 어불성설이다. 그렇다면 알파고는 왜 졌을까? 알파고는 확률적 의사결정 시스템이기 때문이다. 기계 학습은 통계적 추론 방법론이고 기계 학습으로 구축된 인공지능 시스템은 확률적 의사결정 시스템이다. 확률적 의사결정 시스템이 항상 옳은 결론을 내는 것은 아니다. 확률에 따라 불확실성이 있고 실패의 경우도 있을 수 있다. 결론적으로 알파고는 져준 것이 아니라 확률의 법칙이 적용된 것이다.

기계 학습으로 구축된 심층 신경망에 의사결정 과정을 묻는다면, 심층 신경망은 확률적 판단 과정을 설명해줄 것이다. 심층 신경망의 경우 확률적 판단이 여러 번 중첩되었기 때문에 그 판단 수식을 사람에게 설명해도 사람이 이해할 수가 없는 경우가 대부분이다.

딥러닝에는 세상의 모델이 없다

의사결정 과정을 설명하려면 연관 관계뿐만 아니라 인과 관계, 계층 관계 등 다양한 세상의 모델이 필요하다. 그러나 기계 학습 시스템이 배우는 것은 단지 연관 관계뿐이다. 기계 학습 인공지능에 "왜?"라고 물으면 대답하지 못한다. 인과 관계를 이해하지 못하기 때문이다.

세상의 모델은 3차원 물리적 관계, 계층 구조, 인과 관계 등 다양한 지식들로 구성된다. 사람은 오랜 진화를 통해 세상 모델을 물려받았으며, 출생 직후 더욱 강인한 모델을 형성하는 것으로 알려졌다.

악의적 공격에 취약한 딥러닝

딥러닝은 악의적 공격에 취약하다

허탈하게도 딥러닝으로 공들여 학습시킨 심층 신경망은 견고하지 못하고 아주 작은 변화, 변형에 잘 부서진다. 한동안 잘 인식하던 영상에 사람이 인지하지 못할 정도의 조그마한 변형이라도 가해지면 전혀 엉뚱한 결과를 내게 된다.

그림을 보자. (1)의 영상에 매우 작은 흑백의 노이즈를 고르게 분산시켰다. 이런 노이즈를 학계에서는 '소금과 후추의 노이즈'라고 한다. 사람이 인식하지 못할 정도의 아주 작은 노이즈다. 하지만 노이즈를 추가하자 신경망이 갑자기 인식을 하지 못했다. (2)에서도

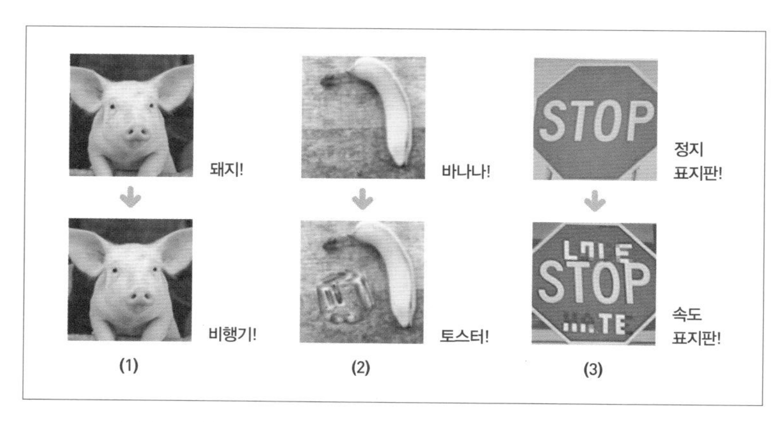

딥러닝으로 개발된 영상 분류 심층 신경망에서 작은 변형에 의한 인식 실패 사례

출처: (1) A. Mardy et al. "Brief Introduction to Adversarial Attack," Gradient Science, 2018
(2) T. Brown et al. "Adversarial Patch", arXiv, 2018
(3) K. Eykholt et al. "Robust Physical-World Attacks on Deep Learning Visual Classification", arXiv 2018

잘 인식하던 영상 배경에 스티커를 붙였더니 인식을 하지 못했다. 겨우 배경이 조금 바뀐다고 물체 인식 결과도 바뀐다면 문제가 심각하다. (3)에서는 교통표지판을 조금 변형했다. 사람은 그래도 잘 인식하지만 심층 신경망은 인식하지 못했다.

신경망은 교통표지판의 정지신호를 빠른 속도로 진행하라는 것으로 잘못 인식했다. 이러한 취약점은 자율주행차의 안전성에 커다란 문제를 일으킬 수 있다. 테러리스트들에게 쉽게 악용될 여지가 있다. 자연어 이해에서도 작은 변화에 부서지는 사례가 발견되었다. 영어 문장에서 단어를 거의 같은 의미의 다른 단어로 바꾸었을 뿐인데, 문장의 감성 평가가 완전히 달라졌다.

딥러닝은 이미 알려진 지식과 통합에 약하다

이런 사례가 지적된 것은 벌써 수년 전이었지만, 발생 원인이 무엇이고, 어떨 때 발생하는지 여전히 불분명하다. 이를 어떻게 회피할 수 있을지에 대해 속 시원한 해결책을 내놓지 못하고 있다. 어쩌면 취약성은 딥러닝의 오류가 아니라 딥러닝의 특성으로 보아야 할지도 모른다. 딥러닝의 훈련 결과는 예측성이 높은 반면 부서지기 쉬운 것으로 판명났다. 최근 소프트웨어의 안전성과 보안을 연구하는 연구자들이 본격적으로 이 문제를 분석하기 시작했다.

이미 알려진 지식과 통합에 약하다

딥러닝은 이미 알려진 지식을 통합하여 새로운 지식을 만드는 데 취약하다. 오로지 데이터에 내재된 입력과 출력 간의 연관 관계만 학습할 뿐이다. 그래서 신경망으로는 우리가 이미 알고 있는 지식을 통합적으로 활용하는 데 어려움을 겪는다. 신경망에서는 '모든 인간은 죽는다'라든지, 잘 알려지고 검증된 뉴턴의 법칙 등을 명시적으로 사용할 수 없다. 그리고 '코로나19 감염자의 1%가 사망에 이른다'와 같이 이미 계량화된 지식도 사용하지 못한다. 딥러닝은 이런 확립, 검증된 지식을 활용하기보다는 다시 찾아내려고 할 것이다.

자율 학습 시스템의 한계

자율 학습 시스템은 데이터를 획득하여 스스로 성능을 증강시키는 시스템이다. 자율 학습 시스템은 처음 현장에 배치될 때 부족하더라도 운영 중에 추가로 데이터를 획득하여 학습함으로써 성능을 증진시킬 수 있다는 장점이 있지만, 개발자의 의도를 벗어날 가능성이 항상 존재한다. 따라서 인공지능 시스템이 사람의 감시 감독을 벗어나서 스스로 중요한 결정을 하도록 하는 것은 위험할 수 있다.

최고의 인공지능은 아직 발명되지 않았다

현재의 인공지능은 앞으로 25년 동안 나올 것에 비하면 아무것도 아니다.

— 캐빈 캘리

우리나라를 비롯한 여러 나라에서 인공지능 연구에 많은 투자를 하고 있으며, 많은 젊은이들이 인공지능의 연구에 뛰어들고 있다. 새로운 방법론에 대한 시도가 일어나고 있으며 세계 방방곡곡에서 하루가 다르게 많은 연구성과가 나오고 있다. 이미 산업 현장에서 성과를 내고 있기 때문에 기업에서도 인공지능에 크게 투자하고 있다. 이런 투자에 힘입어 인공지능 기술은 매우 빠른 속도로 성장하고 있다.

최근 딥러닝으로 촉발된 데이터 기반 기계 학습의 열풍은 한동안 지속될 전망이다. 딥러닝 알고리즘의 발전과 함께 인터넷을 이용한 데이터 수집, GPU로 대변되는 컴퓨팅 파워, 거기에다 공개·공유의 기술 생태계는 앞으로 인공지능 연구에서 큰 성과를 기대하게 한다.

딥러닝의 약점은 다양한 방법론의 조합으로 극복할 수 있을 것이다. 세상 모델을 만들고 사용하는 기법도, 인공지능이 자신의 결정을 설명할 수 있도록 하는 연구도 한창이다. 또한 엄청난 계산능력을 제공할 것으로 예상되는 양자컴퓨터가 실용화되면 인공지능이 다시 한번 크게 도약할 것으로 예상된다.

반면 인공지능이라는 단어는 대중에게 근거 없이 높은 기대를 하게 한다. 미디어의 과장된 보도도 거들었다. 대중들은 초인적 능력의 로봇이 등장하는 공상과학 소설과 지금의 인공지능 기술을 구분하지 못한다. 앞서가는 기업들이 마케팅을 위해 성과를 과장하기도 한다. 중요한 것은 현재 기술로 할 수 있는 것과 할 수 없는 것을 정확하게 아는 것이다.

04

인공지능을 지배하는 자, 미래를 지배한다

인공지능은 양날의 칼

인공지능은 전기의 발명이나 불을 통제하는 능력보다
인류에게 더 중요하다.
— 순다 파차이, 구글 CEO

인공지능은 양날의 칼이다. 모든 신기술이 다 양면성이 있지만 인공지능의 칼날은 훨씬 날카롭다. 현재 우리는 그 양면을 모두 잘 이해하지 못한다. 인공지능은 전 산업의 규칙을 다시 만들고, 커다란 경제 성장을 촉진하며, 삶의 모든 영역을 변화시키는 큰 잠재력을 가진 기술이다. 긍정적인 측면으로서는 여러 산업분야에서 혁신을 가져오고, 우리의 생활에 편의성을 제공한다. 의사결정을 개선하고 비용을 절감한다. 각종 산업 영역에서 혁신을 촉진하고 생산성을 향상시키고 복잡한 문제를 해결하는 데 도움을 준다. 이를 통해서 막대한 부를 창출하게 될 것이다. 다른 한편으로는 자동화

인공지능변호사

로 인한 일자리 감소와 인간의 소외, 양극화 등의 심각한 사회적 갈등을 야기할 것이다. 또 인공지능을 탑재한 무기체계는 전 인류의 생존을, 또 완벽에 가까운 감시체계는 민주주의와 인간의 존엄을 위협하고 있다. 긍정적이던 부정적이던 사람들은 빠른 속도로 변화하는 세상에 적응하지 못하고 있는 것이 현실이다.

업무의 자동화를 통한 생산성 향상

인공지능은 사람 수준의 인지 능력과 문제 해결 능력으로 많은 업무를 자동화하고 있다. 단순한 반복 작업은 물론 고도의 인지 능력이 필요한 작업들도 점차 자동화되고 있다. 인공지능의 능력이 향상될수록 더욱 많은 업무들이 자동화될 것이다. 심지어 고도의 전문 지식이 있어야 하는 의사나 변호사 등의 업무도 상당 부분 인공지능으로 대체되고 있다.

업무를 자동화함으로써 사람의 오류를 줄이고 더 나은 결정을 빠르게 내릴 수 있다. 데이터 분석을 통해 사실에 근거하여 판단할 수 있다. 다양한 정보를 서로 연결하고 상황을 이해하여 통찰력 있는 추세 파악이 가능하다. 사건 발생을 예측하고, 사태의 대응책을 권고할 것이다. 사태의 진전을 막기 위해 스스로 대응하는 행위를 하게 할 수도 있다. 또한 얻어진 통찰력으로 업무 절차를 최적화할 수 있다. 인공지능을 이용한 신속하고 현명한 결정은 기업은 물론 우리 사회 전반의 민첩성과 효율성을 향상시킬 것이다.

사람과 인공지능의 협업

반복적인 단순 작업은 기계에 맡기고 사람은 의미 있는 일에 집중하며 높은 생산성과 창의적 업무에 힘을 쏟을 수 있다. 그러나 인공지능이 완벽해지기까지 상당기간 동안 사람들은 기계와 함께 팀을 이루어 업무를 수행하는 것이 바람직하다.

사라지고, 생기고
일자리 대변혁

현재 직업의 47%가 20년 내에 사라질 것이다.
정부는 교육 개혁을 서둘러야 한다.
— 칼 베네딕트 프레이

일은 기계가, 사람은 사람답게

인공지능 시대는 단순히 먹고살기 위해 일하는 세상이 아니다. 일은 기계에게 시키고 사람들은 더 많은 여가를 즐길 것이다. 따라서 문화, 예술 등이 활성화될 수 있다. 또한 과학기술 연구와 진리 탐구에 많은 시간을 쏟을 것이며, 질병 퇴치나 환경문제 등 전 지구적 문제를 해결하기 위해 많은 노력을 기울일 것이다.

일은 기계가 사람은 사람답게

자동화로 소멸되는 일자리

기업은 인건비 절약과 품질 개선을 위해 자동화를 한다. 전통적 공장 자동화 시스템은 주로 공정이 표준화된 제조 대기업에서 도입했다. 요즘에는 고도의 지적 능력이 필요한 변호사, 의사, 기자 등의 전문적 업무도 차츰 자동화되고 있다. 이런 상황에서 현재 일자리의 상당수가 소멸하리라 예상된다. 그러나 새로운 일자리 창출로 전체 일자리 수는 줄어들지 않을 것이라는 주장도 있지만 지금 형태의 일자리가 줄어든다는 것은 확실하다.

인공지능 시대, 일자리에 어떤 변화가?

인공지능으로 인하여 일자리에 어떤 변화가 오는가 살펴보자. 저소득의 단순한 일자리에서 탈출한 노동자들은 하던 일 보다 훨씬 고상하고, 높은 소득을 올리는 새로운 일자리를 얻게 될 것이다. 새로운 일자리에서 노동자들은 인공지능과 같은 강력한 도구의 도움으로 높은 생산성을 올릴 수 있게 될 것이다. 처음 일자리를 얻은 사람들도 직접 고상하고 높은 소득을 올리는 일자리로 진입하게 될 것이다.

물론 단순 노동에서 탈출하는 노동자는 재교육을 받아야 하고,

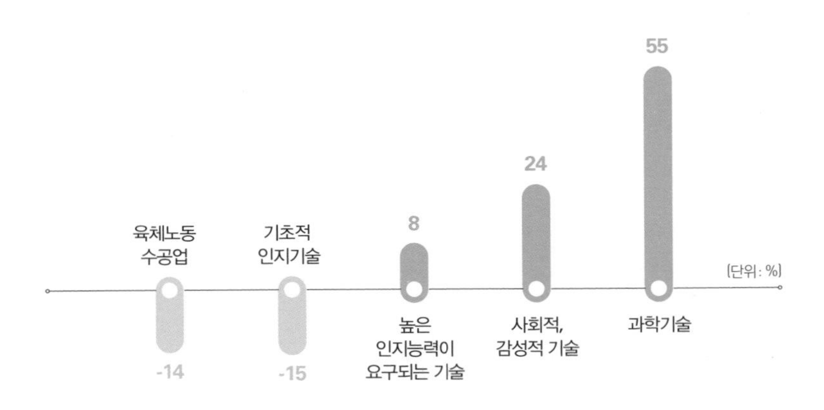

능력에 따른 총 근로시간의 변화, 2016년 대비 2030년 예측치

출처: 맥킨지 보고서

처음 일자리를 얻은 사람들은 새로운 산업환경에서 요구되는 능력을 갖추기 위해 더 높은 능력을 쌓아야 할 것이다. 이런 교육기회의 제공은 국가의 책무다. 교육훈련 받고, 적응하는 것이 물론 힘들고 고통스럽지만, 적응하고 난 후에는 높은 소득을 올리고 신분상승의 기회도 가질 수 있다.

앞서 보았듯이, 인공지능 기술은 일의 성격을 바꾸고 기존 기업의 업무를 크게 변화시킨다. 일부 직업을 도태시키고 완전히 새로운 직업을 만들기도 한다. 앞으로의 일자리는 과학기술 분야에서 많이 생길 것으로 여러 연구소에서 예측하고 있다. 과학기술 분야에서도 특히 컴퓨터, 인공지능 분야에서 많은 일거리가 생길 것이다.

인공지능 시대의 시민교육

오늘날 초등학교에 들어가는 학생의 65%는 지금 존재하지 않는 직업을 갖게 될 것이다. 창의력, 주도력, 적응력이 꼭 필요하다.

— 존 폭스

국가는 인공지능이 가져오는 변화에 적응할 수 있도록 학생들에게 보편적 교육을 제공함은 물론 인공지능 기술에 대한 폭넓은 이해를 할 수 있도록 교육을 제공해야 한다. 인공지능 시대에 사람의 경쟁력은 타고난 능력에 더하여 인공지능을 활용할 수 있는, 즉 인공지능으로 증강된 능력의 합이다. 또한 인공지능 제품과 서비스가 보편화되고 있기 때문에 교육은 미래 인력이 인공지능 전문가로 성장할 수 있도록 기회를 제공해야 한다.

변화에 적응하는 교육

인공지능 시대를 대비하기 위해서는 4C 능력 교육이 필요하다. 첫번째 C는 비판적 사고Critical Thinking 능력이다. 비판적 사고는 문제 해결방법의 시작이다. 알려진 방법이 옳은 것일까? 다른 더 좋은 방법은 없을까? 왜 그럴까? 등 부단히 질문하고 도전하는 것이다. 비판적 사고는 사실과 의견을 구분하여 진실을 발견하는 능력을 배양해준다. 이 능력을 통해 넘치는 정보 속에서 옳고 그름을 가릴 수 있고, 스스로 발견하는 방법을 배울 수 있다. 또한 학생들이 독립심을 갖고 목표지향적 사고를 할 수 있도록 도와준다.

인공지능 시대에 필요한 4C 능력 교육

두 번째 C는 창의성Creativity이다. 창의성은 고정관념에서 벗어나 새롭게 생각하는 방법을 말한다. 창의성은 다른 사람들이 보지 못

고정관념에서 벗어나 새롭게 생각하는 방법

하는 문제를 보거나, 다양한 관점에서 문제를 바라보는 것이다. 창의성은 타고난 것으로 생각하는 사람들도 있지만, 문제 해결 과정에서 시도하지 않았던 것을 시도해보면서 배양할 수도 있다. 창의적인 노력이 항상 성공적인 것은 아니다. 실패하더라도 창의성을 발휘해 그 과정에서 더 나은 방법을 알아낼 수 있다. 창의성은 소프트웨어와 인공지능 등 디지털 혁신 기술과 결합하였을 때 빛을 본다.

세 번째 C는 소통 능력Communication이다. 자신의 생각을 다른 사람들이 이해하게끔 전달하는 능력이다. 이 능력은 소통 통로가 다양

공동의 목표를 달성하기 위해 함께 노력

해짐에 따라 어느 때보다도 중요해졌다. 이메일, 메시지 등의 문자 통신으로 맥락을 전달하고, 이해하는 것이 점점 중요해지긴 하지만, 소리가 전달되는 상황에서 효과적으로 의사소통하는 법은 여전히 중요하다. 자신의 요점을 잃지 않고 효율적으로 아이디어를 전달해야 하며, 대화 상대자나 청중의 상황을 확인하는 능력도 필요하다. 대화를 통하여 자신의 생각을 합리화하고 주변 사람들에게 긍정적인 인상을 줄 수 있어야 한다.

네 번째 C는 협업 능력Collaboration이다. 협업은 공동의 목표를 달성하기 위해 함께 일하는 것이다. 대부분의 사람들은 많은 기간 함께 일한다. 따라서 협업 능력은 매우 중요하다. 문제를 제기하고, 해결책을 탐구하며, 최선의 행동 방침을 결정하는 방법을 협업 과정을 통해 배우게 된다. 다른 사람들이 나와 항상 같은 생각을 갖지 않는다는 것을 알게 되며, 의견을 효과적으로 주장하는 방법을 배울 수 있다.

부록

속풀이 인공지능 Q&A

Q. 컴퓨터와 인공지능은 다르다?

A. 아니다. 같다고 보는 것이 맞다. 인공지능이란, 컴퓨터가 수행하는 방법으로 지능적인 행동, 즉 인간의 학습 능력, 추론 능력, 지각 능력을 흉내 내도록 만들어진 프로그램이다.

Q. 인공지능이 인간의 능력을 뛰어넘었나? 사람과 인공지능을 비교하면 누가 더 능력이 좋은가?

A. 어떤 부분은 뛰어넘었지만 인공지능이 인간의 모든 부분(영역)을 뛰어넘지는 않았다. 하나의 인공지능이 여러

가지를 다 잘하지는 않는다. 각 인공지능은 자기 것만 잘 한다. 이것저것을 골고루 잘하는 만능 인공지능은 아직 나오지도 않았을뿐더러 그것이 과연 어떻게 당면한 문제들을 해결할 수 있을지에 대한 개념조차 서지 않았다. 그리고 사람의 지능과 인공지능을 1차원적으로 단순 비교하는 것은 합리적이지 않다. 사람 신경 세포 하나하나의 정보 처리 속도는 디지털 컴퓨터보다 10만 배 정도 느리다. 그렇지만 패턴인식과 행동제어 등의 반응은 컴퓨터보다 훨씬 빠르다. 어떤 문제는 기계가 더 신속히, 합리적으로 해결할 수 있지만, 다른 문제는 사람이 앞선다. 물론 인공지능이 사람의 능력을 능가하는 부분이 점점 더 늘어나고 있다.

Q. 인공지능을 '사람을 흉내 내는 기계'라고 할 때 논쟁거리는 무엇인가?

A. ① 기계가 생각할 수 있는가? 지능을 가질 수 있을까? ② 주어진 문제를 해결하기 위해 사람과 동일하게 행동하는 기계를 만드는 것이 바람직할까? VS 사람의 한계

를 벗어나서 최고의 합리성을 추구하는 것이 바람직할까? ③ 기계가 사람과 다른 방법으로 문제를 해결하고 지능적 행동을 한다면 그걸 '기계가 지능을 갖추었다'고 할 수 있을까?

Q. 인공지능의 본질은 무엇인가?

A. 인공지능은 갑자기 하늘에서 떨어진 것이 아니다. 인공지능의 본질은 사람이 생각하는 과정을 자동화한 것이고 그 기계가 컴퓨터이다. 인공지능은 기계에 사람이 생각하는 것을 코딩하여 만들었다. 사람에게 어렵게 하려는 것이 아니라 컴퓨터를 잘 쓰게(활용) 하는 방법이 인공지능이라고 할 수 있다.

우리는 인공지능 개발을 '에이전트를 지능형으로 만드는 사업'으로 정의했다. 에이전트는 센서를 통해서 외부 환경, 즉 세상으로부터 정보를 얻고 취할 행위를 결정한다. 그리고 액추에이터를 통해 외부 환경에 영향을 끼친다.

Q. 소프트웨어, 인공지능, 기계 학습, 딥러닝의 관계는 어떠한가?

A. 소프트웨어가 생각을 코딩한 것이지만 모든 소프트웨어 기술을 인공지능 기술이라고 하지는 않는다. 그 경계는 모호하지만 지능적 행동을 흉내 내고 구축하는 기술만을 인공지능 기술이라고 한다.

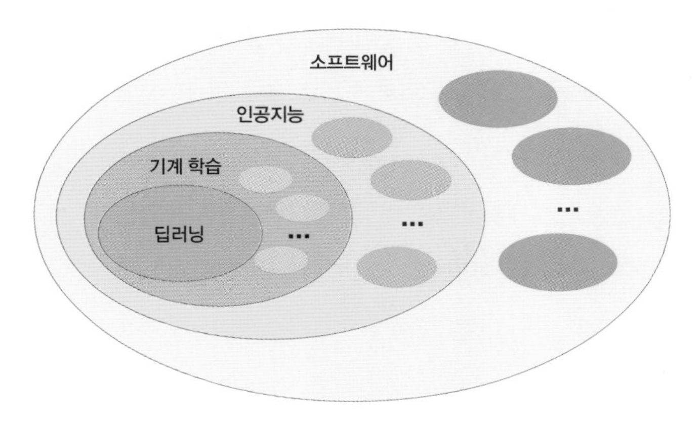

Q. 인공지능은 감정을 가질 수 있는가?

A. 기계는 생존하고 번식하려는 생물학적 욕구와 그에 근거한 감정은 없다고 보는 것이 합리적일 것이다. 기계가 감정을 가진 것처럼 흉내를 낼 수 있고, 사람이 어떤 감정이 있는지 알아내는 것은 가능하다. 혹시 감정을 갖는,

그리고 생존하려는 의지를 갖는 기계가 생기더라도 아직은 먼 미래의 일이라고 생각하고 있다.

Q. 무기체계에 인공지능을 장착하는 것을 막을 수 있는가?

A. 막고자 노력을 하고는 있지만 무기체계에 인공지능이 장착되면 무기의 성능이 획기적으로 향상된다는 점 때문에 많은 국가와 단체가 유혹에 쉽게 넘어간다.

Q. 인공지능 개발 방법론의 학파는 어떤 것들이 있는가?

A. 하나는 사람처럼 생각하고 행동하도록 만들자는 '사람처럼' 학파이다. 또 다른 학파는 인공지능이 합리적으로 생각하고 행동하도록 만들자는 '합리성' 학파이다. 사람 흉내를 내는 인공지능 제작이 목표라면 사람이나 고등 동물의 능력을 분석하거나 학습하여 흉내 내도록 하는 것이 바람직하긴 하지만 '사람처럼' 학파와 '합리성' 학파가 엎치락뒤치락하고 있다.

Q. 초기 연구자들이 인공지능 구축에 겪은 어려움은 무엇인가?

A. 초기 연구자들은 주로 범용성 있는 일반적인 문제 풀이 방법론에 집중했다. 복잡도에 대해서는 과소평가하고 이해하지 못했다. 점차 실세계의 많은 문제가 기하급수적인 복잡도를 갖는다는 것이 발견되었으며 작은 문제에서 성공이 실세계 문제로 확장될 수 없음을 실감했다. 이런 약점에 더해서 철학, 심리학 등 다른 분야의 학자들이 인공지능의 기본 전제에 이의를 제기했고, 인공지능 연구자들은 적절히 대응하지 못했다.

Q. 인공지능에 필요한 윤리에는 어떤 것이 있나?

A. 가장 근본적으로 기술이 인간의 행복에 도움이 되어야 한다. 그러기 위해서는 인공지능이 사회적 유용성, 공정성, 안정성, 투명성, 신뢰성을 확보하여야 한다.

Q. 목표를 달성하기 위해 가장 기본적인 문제 해결 기법으로 자주 사용되는 언덕 오르기Hill-Climbing 알고리즘은 무엇인가?

A. 현 위치에서 (목적)함수의 값이 가장 많이 증가하는 이웃

으로 한 발자국 이동하는 것을 반복하는 국지적 탐색 알고리즘이다. 앞이 보이지 않아 전체 지형을 볼 수 없기 때문에 정상에 도달하는 길을 알 수 없다. 이런 경우 시도해 볼 수 있는 유일한 방법은 경사가 가장 가파른 방향으로 한 발자국 올라가 보는 것이 아닐까?

Q. 기계 학습 알고리즘은 어떻게 분류되는가?

A. 기계 학습 알고리즘은 일반적으로 지도 학습, 비지도 학습, 강화 학습 등으로 분류된다. 이 분류는 데이터에 포함된 정보와 그 정보의 사용 방법에 따른다.

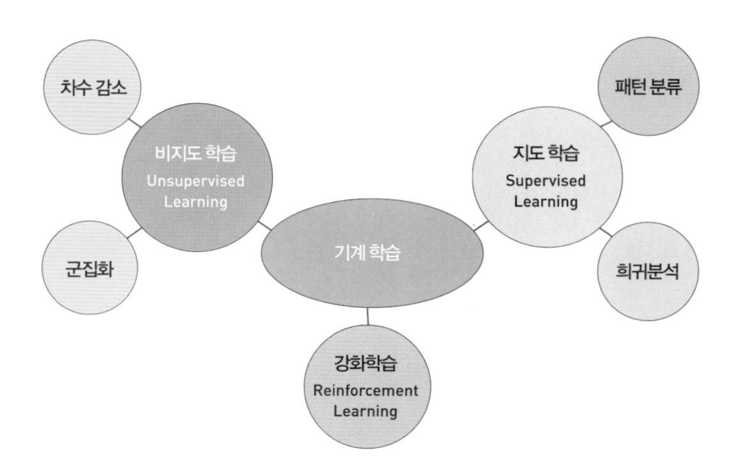

Q. 지도 학습을 한마디로 표현한다면?

A. 개와 고양이 사진을 구분하기 위해서는 정확하게 개, 혹은 고양이라고 라벨이 붙인 사진의 데이터 집합을 사용한다. 이 라벨이 붙인 데이터 집합으로 개와 고양이의 모양을 구분하는 알고리즘을 만드는 것이 지도 학습의 목적이다.

Q. 비지도 학습을 한마디로 표현한다면?

A. 비지도 학습은 유사성을 판단하여 개와 고양이를 구분하는 알고리즘을 만드는 것이다. 다시 말해, 명시적으로 입력에 해당하는 바람직한 출력 정보를 주지 않은 상황에서 데이터 간의 거리를 이용하여 유사한 것을 군집화하는 것이다,

Q. 강화 학습을 한마디로 표현한다면?

A. 강화 학습은 바람직한 행동 패턴을 학습하는 알고리즘이다. 강화 학습이란 매 상태에서 보상의 기댓값을 최대화하는 행동을 배우는 것이다. 한 상태의 순간적 보상이

아니라 상황이 종료되었을 때 누적된 보상을 최대로 해야 한다. 한 상태에서 출발한 모든 궤적을 고려해야 하는데 궤적의 수가 매우 많다.

강화 학습에는 입출력 쌍으로 이루어진 훈련데이터 집합이 제시되지 않는다. 훈련데이터가 전혀 없는 것은 아니고 상황 종료 시에 종합적인 평가로 주어진다.

Q. 인공 신경망을 한마디로 표현한다면?

A. 인간 두뇌와 신경세포의 작동 메커니즘에서 영감을 얻어 만들어진 학습 및 의사결정 방법론이다. 인공 신경망은 노드들을 연결한 망 구조를 갖는다. 노드는 연결된 모든 노드로부터 입력값을 받는다. 연결선에는 그 연결선이 얼마나 중요한 것인지를 나타내는 가중치값이 붙어 있다.

기계 학습의 범용 알고리즘으로 주목받고 있다. 인공 신경망은 지도 학습은 물론, 비지도 학습, 강화 학습에도 사용된다.

Q. CNN의 장점은 무엇인가?

A. CNNConvolutional Neural Network은 영상 인식에 특화된 다층 신경망이다. CNN은 공간 의존성을 이용하여 이미지에서 특성을 자동으로 추출, 인식, 분류하는 데 탁월한 성과를 내고 있다. 또한 CNN은 영상 인식에서 전통적인 알고리즘이 수행하던 전처리 과정을 최소화하는 장점이 있다. 즉, 일일이 수작업으로 만들던 특성 추출 과정을 학습으로 자동화한다.

Q. 컴퓨터 비전의 의미와 쓰임새는 무엇인가?

A. 컴퓨터 비전Computer Vision 기술은 컴퓨터가 사람과 같이 '보고' 이해할 수 있는 능력을 갖추도록 하는 기술이다. 제조공정에서는 부품조립, 불량품 검사를, 유통업에서는 소포 등 우편물 인식과 분류를, 건강의료 분야에서는 각종 질병에 대한 감지와 진단을 할 수 있다. 자율주행차 및 드론에서는 주행과 비행에 필요한 인식, 감지, 탐지, 추적을 할 수 있다.

Q. 사람과 기계가 자연스럽게 대화하는 데 필요한 자연어 이해가 어려운 이유는 무엇인가?

A. 사람과 기계가 자연스럽게 대화하기 위해서는 기본적으로 사용 언어에 대한 단어와 문법 지식이 필요하다. 여기까지는 그리 어렵지 않다. 자연어 이해가 어려운 이유는 대화하는 영역에 관한 지식이 필요하기 때문이다. 그런데 상식은 그 범위가 넓기 때문에 컴퓨터가 다 담아내기란 거의 불가능하다.

그리고 사람이 대화할 때 이미 세상 지식이 공유되었다고 믿고 정보를 생략하고 추상화해서 함축적으로 정보를 전달하게 된다. 말하는 사람이 아닌 독자나 대화 상대자가 세상의 지식을 이용해 생략된 것을 채워 넣지만 인공지능은 아직 그런 능력이 충분하지 못하다.

Q. 인공지능에게 "왜?" 라고 질문하면?

A. 지식형 기반 인공지능은 이유를 잘 설명해준다. 반면 딥러닝 등 기계 학습으로 구축된 인공지능은 "왜?"라는 질문에 대답을 잘 못한다. 기계 학습 기반 인공지능의 가

장 큰 맹점이다. 기계 학습 기반 인공지능은 확률적 의사결정 시스템이고 통계적 추론 방법을 이용하기 때문에 "왜?"라는 것에 사람이 일상적으로 사용하는 용어로 대답할 수 없다. 의사결정 과정을 설명하려면 연관 관계뿐만 아니라 인과 관계, 계층 관계 등 다양한 세상의 모델이 필요하다. 그러나 기계 학습 시스템이 배우는 것은 단지 연관 관계뿐이다. 기계 학습 인공지능에 "왜?"라고 물으면 대답하지 못한다. 인과 관계를 이해하지 못하기 때문이다.

Q. 인공지능은 항상 옳은 결정을 내리나?

A. 기계 학습 기반 인공지능은 의사결정 과정에 대해 설명할 수 없을뿐더러 인공지능의 의사결정 시스템이 항상 옳은 결론을 내는 것도 아니다. 최종 결정을 인공지능의 도움을 받아 인간이 내려야 하는 이유가 여기에 있다. 기계 학습 기반 인공지능의 또 다른 맹점은 개발자가 학습시킨 대로 혹은 의도한 대로 인공지능이 행동하지 않을 수도 있다는 것이다.

Q. 인공지능에 "네가 잘하는 것이 무엇이니"라고 물어보면?

A. 보통 이런 질문이 사람에게는 아무것도 아닌데, 딥러닝으로 학습한 시스템에 "네가 잘하는 것이 무엇이니?"라고 물어보면 인공지능 시스템은 자신이 잘 할 수 있는 것을 표현하지 못한다. 인공지능에서 돌아오는 답은 '내가 잘 할 수 있는 것을 잘 몰라요. 데이터를 보세요'라고 한다. 데이터가 몇 백만 개인데 어떻게 찾아볼 수 있는가?

Q. 인공지능 기술은 어떤 영역으로 구분되는가?

A. 인공지능 기술은 크게 보면 세 가지로 분류할 수 있다. 첫째, 컴퓨터가 보고, 듣고, 말하고, 느끼고 언어를 사용하여 소통한 인지 기술이 있다. 둘째, 판단하여 의사결정하며, 계획을 수립하여 문제를 해결하는 기술인데 예를 들면 주식투자를 조언하는 기술, 그리고 의료 분야에 활용되는 착한 인공지능이 있다. 셋째, 지식을 이용하여 추론하는 기술과 마지막으로는 데이터로부터 배우는 기술이 있다.

Q. 최근 인공지능에 대해 사회의 관심과 연구가 활발해진 이유는 무엇인가?

A. 기본 원리는 1950년에 마련되었다. 무수히 많은 기술의 바탕으로 최근 고도의 컴퓨팅 능력과 방대한 데이터를 기반으로 인공지능의 연구가 활발해졌다.

신경망 기법으로 아주 오래전인 1950년에 벌써 데이터와 결과만 넣으면 중간은 AI 스스로 추론해서 알아서 결과를 도출해 낼 수 있다는 것을 알아냈다. 예전에는 컴퓨팅 능력도 약했고 방대한 데이터를 구하지 못해서 시도할 엄두도 내지 못했지만 최근 기술 발달로 이 문제는 많이 좋아졌다. 인공지능에서 데이터는 중요한 요소이다. 만약 인공지능이 부족한 데이터로 학습을 하게 된다면 만들어지는 인공지능의 결과는 배운 것만 잘하고 못 배운 것은 못 하는, '일반화를 못 하는 현상'이 일어나게 된다.

Q. 앞으로 인공지능의 전망은 어떠한가?

A. 인공지능 기술은 매우 빠른 속도로 발전하고 있다. 최근 딥러닝으로 촉발된 데이터 기반 기계 학습의 열풍은 한

동안 지속될 전망이다. 딥러닝 알고리즘의 발전과 함께 인터넷을 이용한 데이터 수집, GPU로 대변되는 컴퓨팅 파워, 거기에다 공개·공유의 기술생태계는 앞으로 인공지능 연구에서 큰 성과를 기대하게 한다.

Q. 외국의 인공지능 교육은 어떠한가?

A. 미국의 경우를 보면 STEM 교육의 일환으로 컴퓨팅 교육을 하고, 컴퓨팅의 일환으로 음성인식이든 딥러닝이든 소프트웨어나 도구를 사용하면 그 자체가 인공지능이 된다. 반면 우리나라에서는 소프트웨어 교육을 강화해야 한다고 할 때는 시큰둥하다가 인공지능 교육을 한다니까 야단을 떠는 것은 컴퓨터 과학을 기본으로 하는 인공지능의 과정과 단계에 대한 이해 부족이라고 할 수밖에 없겠다.

STEM | 과학(Science), 기술(Technology), 공학(Engineering), 수학(Mathematics)이 미래 사회를 위해 꼭 필요한 '21세기 기술' 또는 서로 연결된 '융합된 교육'이라는 의미로 사용

Q. 우리가 인공지능에 대하여 알아두어야 할 것은 무엇인가?

A. 인공지능에 대하여 다음 다섯 가지를 알고 있어야 한다.

1. 인공지능은 센서를 이용하여 외부 환경을 인식한다.

2. 인공지능은 외부 환경을 내부에 모델로 표현하고 이를 이용하여 판단한다.

3. 인공지능은 데이터로부터 학습할 수 있는 능력이 있다.

4. 인공지능이 사람과 상호작용을 하기 위해서는 다양한 지식이 필요하다.

5. 인공지능은 양면성이 있다. 잘 사용하면 도움이 되지만 잘못 사용하면 인류에 위해를 끼칠 수도 있다.

AI 청소년을 위한 최강의 수업

초판 1쇄 2021년 10월 30일
초판 4쇄 2024년 11월 21일

지은이 김진형 김태년
펴낸이 허연
펴낸곳 매경출판㈜
책임편집 김민보
마케팅 한동우 박소라 구민지
디자인 김보현 이은설
일러스트 그림요정더최광렬

매경출판㈜
등록 2003년 4월 24일(No. 2-3759)
주소 (04557) 서울시 중구 충무로 2 (필동1가) 매일경제 별관 2층 매경출판㈜
홈페이지 www.mkbook.co.kr
전화 02)2000-2632(기획편집) 02)2000-2636(마케팅) 02)2000-2606(구입 문의)
팩스 02)2000-2609 **이메일** publish@mk.co.kr
인쇄 · 제본 ㈜M-print 031)8071-0961
ISBN 979-11-6484-329-9(03550)